U0321669

生态 中国
城市立体绿化

童家林 编

辽宁科学技术出版社
·沈阳·

目　录

前　言

生态文明建设是中国特色社会主义事业的重要内容。当前世界城市人口密集所带来的环境问题日益严重，大中城市人口密集、交通拥堵、产生热岛效应，致使全球气候变暖，特别是大气污染、雾霾使中国众多城市面临着环境危机。如何通过生态、理论与技术解决大气污染、水体等关乎百姓生活的问题，已成为全体人类的迫切任务，也成为中国人民的迫切任务。

在寻找城市可持续发展出路的过程中，专家学者提出了"向空中要绿地"的口号，绿地建设由地面逐渐向空间过渡，越来越多的人投入到城市立体绿化建设。人们开始意识到绿色屋顶和绿墙的潜力，它们可以用来帮助抑制气温升高、减少强降雨、栖息地丧失和城市能源消耗增加带来的影响。绿色屋顶可以创造社区活动的场地，人们可以在那里从事园艺活动、观赏、游戏、休闲放松，并可以补偿建筑占地造成的当地绿化的损失。绿墙可以提供令人印象深刻的美学效果，也能显著改善当地的微气候。

本书是在以上提到的环境背景下，以及适应国家海绵城市、生态文明建设需要的情况下提出的。希望可以通过一定的理论知识和详尽的案例解析，对于一直致力于和即将投身于城市立体绿化建设的人士提供一定的帮助和指导，同时也可以向国内外的读者展示中国生态建设的努力方向和发展成果。

本书分两个部分，从理论知识到案例解析，从概念介绍到细节剖析，对立体绿化的各个类别、建造的各个流程和一些注意事项进行了比较全面的解析。

第一部分是立体绿化的基础知识，包括概况介绍、用地分析、设计与规划、绿色屋顶的建造、绿墙的建造和维护六个方面。分析了影响立体绿化用地的各种因素；探讨了如何开发一个成熟的立体绿化设计，并确保其长期发挥作用；介绍了屋顶绿化和垂直绿化的设计要点以及建设过程中的注意事项。

第二部分是对立体绿化案例的详细解析，展示了我国城市立体绿化的优秀成果。通过精美的图片、技术图纸和详尽的描述，向读者展示每个案例的具体设计过程及其实现效果。具体包括屋顶花园、垂直绿化（户外和室内）和边坡小品等方面。

城市立体绿化是可持续城市规划的重要元素，也是生态中国建设的重要方面。尤其是现在城市中人们能够使用的绿化面积越来越少了，这一点可以通过立体绿化来弥补。立体绿化也是缓解城市热岛效应和有效处理暴雨问题的重要措施和手段，对于实现可持续发展的目标也起了关键的作用。所以各大城市都相应采取了一系列措施，加强了对立体绿化的重视程度和建设力度。希望本书的出版对于我国城市立体绿化发展以及我国生态文明建设有着积极的促进作用。

帕特里克·布朗垂直绿化的技术与艺术

植物真的需要土壤吗？其实不需要。土壤只是植物借以生长的外在介质而已。只有水和溶于土壤中的多种矿物质才是植物必需的，此外还有实现光合作用所需的光和二氧化碳。

20 世纪 60 年代末，帕特里克·布朗（Patrick Blanc）还是一个十几岁的少年。他发现"垂直花园"可以用作他的恒温鱼缸的生物过滤器。大学求学期间，布朗去过东南亚的热带雨林，观察林荫深处小溪里他最爱的水生植物——椒草（隐棒花属植物）。后来布朗就决定学习热带植物学。他作于 1978 年的博士论文（哲学博士）是关于天南星科植物的生长习性（包括火鹤花、蔓绿绒、龟背竹、粗肋草和椒草等）。1982 年，布朗进入法国国家科学研究中心（CNRS）求学，从那时起，他研究的课题就是热带雨林林下植被的生长适应性。这也是他的博士论文（理学博士）的主题。1993 年，布朗获得法国科学院颁发的植物学奖。

在上述求学期间，布朗也一直在完善他的"垂直花园"理念，并于 1988 年和 1996 年取得专利。20 世纪 80 年代末，布朗成功设计建造了一批"垂直花园"（其中包括 1986 年为巴黎科学技术博物馆做的设计），开始崭露头角，并受邀参加 1994 年的修蒙国际花园展（Chaumont International Garden Festival）。他在花园展上的成功设计立即引发关注，许多文化艺术机构对他的设计艺术大加赞赏，并委托他设计各种永久性的绿化装置。2001 年，法国著名女设计师安德莉·普特曼（Andrée Putman）邀请布朗为巴黎潘兴豪尔酒店（Pershing Hall）一面无门窗的暗墙进行绿化设计。这个大型"垂直花园"一炮而红，许多知名建筑师都对布朗的设计表现出极大兴趣。布朗近期的合作对象包括法国建筑大师让·努维尔（Jean Nouvel）以及赫尔佐格＆德梅隆建筑事务所（Herzog & De Meuron）等。除了这些合作项目之外，布朗现在也有许多独立设计的项目。

大自然中的植物生长于垂直表面

只要全年有水，比如在热带森林或者温带山地森林中，植物就能生长于树干和枝杈上（这是植物的附生习性），也能生长于土壤稀缺的地方，比如砂岩表面、露出地面的花岗岩、石灰岩峭壁、山洞、瀑布以及天然或人造的坡地等。这些环境可以给很多植物提供完美的栖息地，其中许多品种分布范围十分有限。其中最重要的有以下几科的植物：苦苣苔科、茜草科、野牡丹科、秋海棠科、凤仙花科和荨麻科（以上属于双子叶植物纲）以及兰科、凤梨科和天南星科（以上属于单子叶植物纲），此外还有许多蕨类植物。比如，在马来西亚半岛 8000 个植物品种中，约 2500 种生长在峭壁环境中，没有一点土壤。

即使是在温带地区，许多植物也生长在峭壁、洞穴入口、瀑布或岩石表面上。在这类环境中，生长着许多常见的灌木状植物，包括小檗属植物、绣线菊属植物、旌节花属植物和枸子属植物等。这些植物弯曲的枝杈显示出，它们起源于陡峭的栖息地，而不是像我们平常见到的那样长在花园的平地上。许多草本植物也是这样。比如所有的玉簪属植物、矾根属植物、油点草属植物以及布朗在北美和东亚温带地区观察到的大多数蕨类植物，都是生长在陡峭的山坡上。

因此，正如我们在大自然中所见，植物是可以生长在几乎没有土壤的垂直表面的，只要不是持续缺水的环境。

香港联合办公空间垂直花园
设计：帕特里克·布朗

"墙壁 + 植物"——创意的可持续组合

如果植物根系深入人造墙体中生长，就会很容易破坏墙体，引起坍塌。柬埔寨古都吴哥的许多寺庙就是这种情况。这种由根系引发的破坏可以避免，只要将"垂直花园"与墙体彻底隔离。"垂直花园"由此诞生。"垂直花园"是建筑的第二层表皮，而且是会呼吸的、活的表皮。植物根系只在"垂直花园"的结构表面蔓延生长，里面的墙体不受影响。植物与建筑因此得以和谐共生。

这种创新的核心在于利用植物根系不仅能生长于土壤之中，也能生长于垂直表面的特性。植物在大自然的环境中就是这样生长的，根系爬满树皮，或者长在覆盖着苔藓的岩石上。少了土壤的重量，植物的生长支撑结构就可以很轻，这样就能适用于任何墙面，无论大小。"垂直花园"可以在室内，也可以在室外。当然，植物品种的选择要取决于当地气候条件。

"垂直花园"由三个部分构成：金属框架、PVC 层（聚氯乙烯板）和毛毡层。金属框架悬于墙壁上，或者也可以独立固定于地面，形成一个空气层，具有隔热、隔音的作用。1 厘米厚的 PVC 板铆接在金属架上。这个 PVC 层让整个结构更加牢固，还能防水。毛毡层使用尼龙材料（聚酰胺纤维），钉在 PVC 板上。毛毡层具有防腐作用，而且其毛细管结构能让水均匀分布。布朗在自己家中最早尝试的"垂直花园"，使用的毛毡至今已经用了 30 年。植物根系在毛毡表面及内部生长。植物种在毛毡层上，可以是种子、插条或者是已经长成的成株。灌溉从上方进行。如果使用自来水，必须配以低浓缩营养素。当然，最佳的选择是废水循环利用，比如灰水（生活用水

香港联合办公空间垂直花园
设计：帕特里克·布朗

中污染较轻可再次利用的水），也可以从附近建筑的屋顶上收集雨水，或者是空调机排放的废水。"垂直花园"整体的重量，包括植物和金属框架，低于每平方米30千克。因此，"垂直花园"可以适用于任何墙体，大小和高度上没有任何限制。

混凝土墙上的"垂直花园"——生物多样性的摇篮，城市的净化系统

由于具有隔热作用，"垂直花园"在节能方面大有助益：冬天是建筑的保暖层，夏天是天然的降温器。同时，"垂直花园"也是净化空气的有效手段。除了植物叶片为人熟知的改善空气质量作用，根系及其附带的所有微生物共同形成一个具有空气净化功能的生态系统。空气中的污染物颗粒通过毛毡层吸附进来，然后缓慢分解成植物所需的矿物质，变成肥料。因此，"垂直花园"可以说是进行空气和水源修复的有效工具，尤其是在平地已经被人类活动大量占据的地方。

"垂直花园"让人类可以再造出非常接近大自然的微型生态系统。我们把大自然驱逐出了我们的生活，现在，"垂直花园"可以让大自然回归。凭借丰富的植物学知识和长期的实践经验，我们现在可以呈现出看上去很"大自然"的绿植景观，尽管我们知道它完全是人造的。在全世界任何城市，光秃秃的墙壁都可以化身为"垂直花园"，成为生物多样性的摇篮。这也是让自然回归现代城市居民的日常生活的一种有效方式。

香港联合办公空间垂直花园
设计：帕特里克·布朗

帕特里克·布朗（Patrick Blanc）
植物学家，"垂直花园"创始人。
自 1982 年起任法国国家科学研究中心研究员。

立体绿化
基础知识

- 概论
- 用地分析
- 设计与规划
- 绿色屋顶的建造
- 绿墙的建造
- 维护

一、概论

1.1 背景

世界上大部分城市正在面临城市化进程带来的巨大压力。飞速的人口增长和城市开发，将曾经的自然环境变成了人工建设的城市基础设施。再加上机器产生的巨大热量，以及建筑和路面吸收的阳光热量，我们的城市中形成了一个不自然的温暖环境。这个过程我们称之为"城市热岛效应"。从自然景观到城市基础设施的转变，也导致了植被和栖息地的丧失、更多的洪水以及对人类健康的负面影响。随着气候变化带来的日益多变的气候模式，这些问题变得更加严重。这些压力给环境和社会带来了巨大的挑战，我们需要新的思维方式，使当今的城市变得更宜居，让城市的未来更可持续。

如今，世界各地的城市都认识到绿色基础设施的重要性；所谓绿色基础设施是指将植被纳入城市结构和功能。这可以减轻支持城市居民生活的自然系统的压力。绿色基础设施包括树木、公园、水敏性城市设计（如湿地和河岸绿化）、绿色屋顶和绿墙。

随着城市向"高密度生活"的方向发展，每一个人在地面上占有的绿地面积正在急剧减少。绿色空间有益于人类健康，并为城市生活的压力提供了一个喘息的机会。绿色屋顶可以创造社区活动的场地，人们可以在那里从事园艺活动、参观、游戏、休闲放松，并可以补偿建筑占地造成的当地绿化的损失。绿墙可以提供令人印象深刻的美学效果，也能显著改善当地的微气候。

人们开始意识到绿色屋顶、绿墙和建筑立面的潜力，用以帮助抑制气温升高、减少强降雨、栖息地丧失和城市能源消耗增加带来的影响。

1.2 定义

绿色屋顶

绿色屋顶是由一系列层级结构组成的植被景观，这些层级结构安装在屋顶表面，可以是松散式覆盖的平面结构，或者是模块组合。绿色屋顶的建造有许多原因——作为人们参观的空间，作为一种建筑特色，为房产增值或者为实现特定的环境效益（如雨水管理、生物多样性、隔热等方面）。绿色屋顶上的植被种植在一种生长基质上（一种特殊设计的类似于土壤的介质），其深度可以从50毫米到超过1米不等，这取决于建筑物屋顶的重量和设计的目的。如果能增加灌溉，绿色屋顶能达到最好的效果，不过也有可能创造一个无须灌溉也能让植物生存的绿色屋顶（但要知道可能会有枯萎期）。

一般来说，绿色屋顶可以分为两个类型：粗放型和集约型。粗放型绿色屋顶重量较轻，生长基质通常不到200毫米深。这类绿色屋顶通常需水量较低，适合种植较小的植物。集约型绿色屋顶通常更重，生长基质层更深，因此可以满足更多品种的植物生长需求。因此，与粗放型屋顶相比，集约型更需要灌溉和养护。传统上认为，粗放型绿色屋顶重量轻，屋顶绿地不面向公众开放，而集约型绿色屋顶更多是设计成供人们使用的舒适空间。随着时间的推移，这两个类型的屋顶之间的界限已经变得模糊，并且已经引入了"半集约"或"半粗放"的术语来描述两种类型的混合屋顶。国际绿色屋顶协会（International Green Roofs Association）也使用这样的分类，但为避免对绿色屋顶分类的过度笼统化，而具体描述某些特征，比如所需生长介质的深度。

绿墙

绿墙是生长于垂直界面的植物，可以是独立式的，但一般都依附在室内或室外的墙壁上。绿墙可以让多样性的植物在垂直的区域高密度生长，它不同于建筑外立面绿化：绿墙是在整个支撑结构上种植，而不是只种植在支持垂直生长的底部结构中。对绿墙来说，植被、生长介质、灌溉和排水形成一个整体的系统，也称为"活的绿墙""生物墙"或"垂直花园"。

图 1.1~ 图 1.3 北京·京投银泰万科·西华府
摄影：存在建筑

绿墙的应用通常是为了提供一个有吸引力的设计亮点，同时也可以创造更凉爽的微气候，改善局部空气质量，并在其他绿化方式不受支持的地方维持绿色植物生长。绿墙上可以使用各种不同的植物，尤其是草本植物。充足的光线是所有绿墙设计的重点考虑因素。在一些室内绿墙设计中，补充照明是确保成功的必要条件。有许多不同的专利绿墙系统可供选择，有些是水培的，还有一些使用生长介质。

绿墙的灌溉需求很高。水可以在整个绿墙系统中循环，但需要仔细监测，以确保营养成分不会达到危险的水平。灌溉系统通常包括了施肥。绿墙结构多样，可以是模块化的系统，也可以是板状结构。

绿墙的选择应该考虑成本、功能、质量、寿命和未来的养护要求。设计良好的绿墙系统应实现其功能，寿命长，需要最少的部件更换，维持所选植物的生长条件，养护需求低。

图 1.4 万科峯境
摄影：帕特里克·宾汉·霍尔（Patrick Bingham-Hall）

1.3 作用

提升房产价值

如今，建筑业主越来越多地使用绿色屋顶和绿墙，为他们的建筑增添一点不同。绿墙可以为建筑平添声望和美感。绿色屋顶可以用作休闲、城市农业或者酒吧或咖啡馆的商业空间。大多数建筑业主都忽略了屋顶上可出租空间的潜力，这些空间几乎可以和下面的楼层面积一样大。

绿色屋顶和绿墙的建造可以相对独立于建筑工程的其余部分，因此几乎不存在延迟建造新建筑的风险。尽管如此，在早期的项目建设日程的讨论中，有绿色屋顶和绿墙安装专家的参与，仍然是非常重要的。由于"绿色"设计技术可以应用于旧建筑改造，所以其益处并不局限于新建筑。绿色技术能够使老化的结构恢复活力，从而在短期和长期内增加房产价值。

在国际上，已经有人提出，如果一幢建筑在美观和环保方面更具吸引力，那么在租赁、房产价值和员工招聘方面，就会带来更大的经济效益。

通过屋顶防水膜的额外保护，绿色屋顶可以延长传统屋顶的寿命。绿色屋顶增加了一层有机和无机的绝缘层，通过防止温度的剧烈波动，降低了薄膜的应力。

雨水管理

绿色屋顶吸收并保留水分，是控制城市环境雨水径流的一种有效策略。绿色屋顶在降雨的早期截留并保留水分，并在更大的降雨中限制雨水径流量。雨水储存在基质中，再被植物叶片、茎或根使用或存储，或者从基质表面蒸发。有些绿色屋顶系统中包含额外的储水层，增加了储水的能力。绿色屋顶不仅有助于减缓和减少雨水径流，还可以过滤颗粒物和污染物。

绿色屋顶在多大程度上可以控制水流的流量，受生长基质和排水层的深度、生长基质的稠度和孔隙度、排水层的结构和用地的坡度的影响。在设计绿色屋顶系统的水处理功能时，应考虑植物种类和排水系统类型。绿色屋顶对雨水径流的转移也受到该地区天气状况的影响。降雨的时长、强度和频率影响着绿色屋顶的蓄水能力。

改善热性能

绿色屋顶和绿墙对业主或租户的最大好处之一是降低了取暖和制冷的费用。凭借遮

图 1.5 常州凤凰谷武进影艺宫立体绿化
摄影：绿空间立体绿化团队
图 1.6 深圳证券交易所屋顶花
摄影：内外工作室

阳功能，绿墙可以将夏季的热量降至最低。由绿色屋顶提供的保温材料可以减少屋顶表面的热量传递，降低屋顶小环境的温度，从而让供暖通风和空调系统更好地运行。在绿色屋顶和传统屋顶的建筑物之间比较，可以发现节能效果的差异。虽然对建筑的降温潜力很大，但研究结果显示了在降温效果上存在很大的差异。结果的多样性是因为节省的能源量取决于：

- 绿色屋顶所占屋顶面积的比例（覆盖率）
- 绝缘层厚度
- 建筑物的高度（与绿色屋顶紧邻的楼层得到最大的益处）
- 所使用的植被类型和土壤基质的深度
- 屋顶与墙的比例
- 建筑的气候条件和微气候
- 空调系统效率

因此，屋顶的设计必须进行充分考虑，以最大化地发掘绿色屋顶的降温潜力。一般来说，四层以下的建筑物，绿色屋顶覆盖率高，植被叶片大，生长基质层更厚，这样的条件能达到最好的效果。

为城市降温——"城市热岛效应"

城市环境中的坚硬表面，如建筑物、传统屋顶、道路和停车场等，都会提高环境温度，即"城市热岛效应"。这种情况会对极端高温天气中的城市环境造成负面影响（比如热相关疾病、地面烟雾的形成等）。绿色屋顶和绿墙作为一种城市降温战略，可以减轻这种影响。加拿大多伦多的一项研究模拟了绿色屋顶对城市热岛的影响，得出的结论是：这种绿化可以将当地的环境温度降低 0.5 摄氏度到 2 摄氏度。

生物栖息地和生态多样性的创造和保护

绿色屋顶可以为保护和提高生物多样性做出贡献。绿色屋顶不仅在原本几乎毫无生态多样性可言的传统屋顶上创造出栖息地，而且在原有栖息地之间建立了新的联系，为珍稀物种或重要物种提供了额外的栖息地。如果在设计阶段考虑到这一点，绿色屋顶可以为植物、无脊椎动物和鸟类的迁移提供一个连接点。生物多样性的设计需要考虑植物种类、食物来源和建筑高度。针对雨水管理、美观性或人类使用的需求而选择的植物可能无法提供生态多样性或生物栖息地。

图 1.7 深交行总部大楼屋顶绿化
摄影：三尚国际
图 1.8 深圳证券交易所屋顶花园
摄影：深圳市铁汉一方环境科技有限公司

美观性、开放式空间和城市农业

城市的宜居性，特别是人口快速增长、市区飞速开发的城市，依赖于开放式空间的可用性。绿色屋顶和绿墙有助于增加舒适、开阔的空间和食物的生产，并且可以扩展商业和休闲空间。有人提出，在城市景观中包含绿色植物可以减少压力，缩短病人恢复时间，提高工作效率，减少噪声，增加房产价值，并有助于减少犯罪。

基于绿色屋顶和绿墙的"城市农业"，是确保食品安全、促进社区参与食品供应体系和改善居民健康的一种有效方式。绿色屋顶，即屋顶上的"食品生产花园"，可以取代后院的蔬菜种植区，成为一个社区聚会场所，为社区的食品供应提供原材料，为餐馆提供食物，甚至进行商业规模的出售。除了屋顶，生产食物的绿墙也是可能的。

不应低估绿色屋顶和绿墙在密集的城市地区提供绿色空间的重要性。特别是在一些内陆城市，由于大部分空间已经被城市基础设施占用，而且土地价格的上涨限制了土地购买，所以建造新的公园和花园是很困难的。

清洁空气

绿色屋顶和绿墙上的植物可以有效去除空气中的污染物，其效果取决于植物的种类、叶片表面和叶片组织。研究已经证明，如果绿墙上每平方米的叶片非常密集，可以有效清除空气中的颗粒物。绿色屋顶和绿墙也可以通过控制热量的增加和产生的烟雾来改善空气质量。室内的绿墙可以去除微量的有机污染物和挥发性有机化合物。

图 1.9 摄政公园 20 号街屋顶花园
摄影：米娜·马尔科维奇

二、用地分析

在设计绿色屋顶或绿墙之前，了解用地的特点是很重要的。这一章探讨如何评估一个绿色屋顶或绿墙的用地位置。

2.1 气候因素

气候因素会因地理位置、用地地点、高度甚至周围建筑物的影响而变化。

风

在高处的平均风速比地面高。在建筑物的边缘周围可能有很强的风，或者是由高层建筑造成的向下气流。有必要了解一个绿色屋顶或绿墙将承受的可能的风荷载，这样就可以进行相应的设计和建造，使之能够承受这些力量。高处的风向切变也会影响温度，进而影响植物品种的选择。

降雨与灌溉

全年降雨量通常不足以支撑绿色屋顶或绿墙的需水量。重要的是要确定雨水或其他水源是否可以从其他地方获取，并储存起来供灌溉使用。这将避免或减少使用饮用水进行灌溉的需要。

太阳辐射

光的强度也趋向于高于地面的高度。在高处，建筑结构更少，没有植被吸收太阳辐射，而且增加了毗邻建筑物和表面的反射（例如玻璃和浅色墙壁）。相反，由于附近建筑的遮挡，有些屋顶和墙壁可能会受到更少的太阳辐射。"阴影分析"可以用来评估一个地点的光照和阴影区域，以及一年中可能出现的变化或者未来可能出现的情况（例如，毗邻的新建筑开发）。

空气温度

由于建筑结构的蓄热作用，城市环境的温度趋向于随着高度的增加而升高。评估一个地点可能的温度范围对绿化设计至关重要，尤其是在极端温度情况下。

2.2 结构承重

在规划绿色屋顶或绿墙之前，必须知道建筑物的重量负荷能力。结构工程师可以就建筑的建造条件和重量的承载能力提出建议，以确保更全面的设计开发。

如果是翻修，重要的是要确定设计是否符合建筑物现有的结构能力，或者建筑物是否需要改造以支持绿化结构的安装。在某些情况下，绿色屋顶中较重的元素可以布置在有额外结构支撑的地方，如承重柱或承重墙。在其他情况下，需要建造一个屋顶结构层，将重量转移到建筑周边的墙壁上，以支撑绿色屋顶的实施。

为建造绿色屋顶或绿墙，建筑结构必须支撑的荷载包括：

• 静态荷载——所有建筑元素和所有与屋顶或墙体组件相关的构件的最终结构重量，包括植物、生长基质和绿化系统内所含的全部水的重量。

• 运动荷载——使用空间的人的重量以及在用地上定期使用的任何移动设备的重量，如用于维修的设备（运动荷载适用于绿色屋顶，不适用于墙面）。

• 瞬时荷载——移动、滚动或短期载荷，包括风力和地震。

重要的是，不仅要考虑植物的重量，而且要考虑到植物在成熟时期的重量，尤其是在使用灌木和树木的情况下。随着时间的推移，灌木和树木可能会变得重很多。

墙壁的损坏可能来自风力、植物荷载、缆索张力和人的接触。如果设计对象是旧墙的话，或者绿墙面积很大的话（这意味着风浮力更大），那么这一点尤为重要。

绿色屋顶植被类型	荷载 (kg/m^2)
低矮草本植物（多肉植物和绿草）	10.2
多年生植物和低矮灌木（最高可达 1.5 米）	10.2~20.4
草坪	5.1
灌木（最高可达 3 米）	30.6
小型树木（最高可达 6 米）	40.8
中型树木（最高可达 10 米）	61.2
大型树木（最高可达 15 米）	150

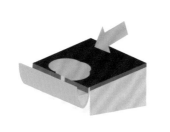 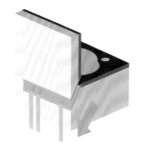 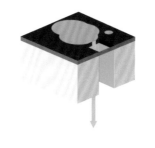 

| 檐沟 | 喷水嘴 | 屋顶排水 | 溢流口 |

2.3 排水

应评估绿色屋顶所在地点的排水情况。检查用地是否有主要和／或次要排水系统。主要的屋顶排水系统可以使用：简单的排水口；屋顶的嵌入式排水孔或排水槽；匣形水槽（用于平屋顶）或檐槽（用于坡屋顶）。这些排水装置的设计都是在只有部分装满时排放。主要排水系统的设计并不是为了清除大雨中降落在屋顶上的所有雨水。绿色屋顶可能需要一个单独的次要排水系统，也称为"溢流系统"。对于平坦的或几乎平坦的屋顶，主要的排水管设置在屋顶的最低点，用于日常的正常排水。次要（溢流）排水管位于屋顶的较高位置，以应对糟糕情况下的排水问题，比如主排水管完全阻塞、由于暴雨倾盆而出现屋顶积水或者灌溉系统出现突发性故障无法关闭。溢流排水将屋顶积水降到一定深度，屋顶可以支撑这个深度而不会变得不稳固，并确保屋顶的重量不会超过其承载能力。

如果屋顶上有很低的护栏，可以直接通过屋顶边缘的溢流来排水——如果这个深度的积水在屋顶荷载设计范围之内的话。是否需要溢流排水，可以通过观察屋顶当前排水状况来决定，同时考虑预期的降雨强度。

屋顶的排水还可以通过增加屋顶坡度来实现。即使是看起来平坦的屋顶，也会有轻微的下降坡度，以促进雨水进入屋顶排水沟，防止积水。"积水"意思是在最近一次降雨结束后，水在屋顶上停留了很长一段时间。反复的积水会引起屋顶结构的持续向下偏转。长此以往，可能会降低排水效率，导致屋顶变得不稳固。降低积水的风险需要至少2%的屋面坡度，而更陡的坡度意味着屋顶排水更快。加固屋面结构以减少偏转可能是必要的。

在评估用地及规划排水系统时，请考虑：

• 直接降落在用地上的降雨量，以及从附近的屋顶或墙壁上流出的雨水
• 降雨时间的长度——根据历史记录来估计
• 雨水在排水管道中聚集的速度（主要由屋面坡度决定）
• 排水管的计划容量，包括排水管道的尺寸、排水管和排水槽的直径

2.4 可达性

评估用地应考虑可达性。在建造过程中，机器和材料的运送和储存需要临时的通道。对于绿色屋顶或多层墙面绿化，可能需要用起重机将材料运到现场。

考虑一下人们将如何使用你的绿化设计：是仅做观赏用，还是需要站在上面，还是只有维护时需要站在上面？根据不同的情况，可能需要增加楼梯、电梯或观景平台，来满足一般公众或租户的使用需求。也可能需要栏杆、连接绳索（用于坠落保护的固定索）、梯子、独立于建筑物的高架作业平台或安装在楼顶上供维修人员使用的摇摆台。

也可以从下面考虑对墙面和立面的维护，那么就可能需要一个临时的高架作业平台。同时也要考虑到行人的进出，有一些法规禁止公共空间有凸出于建筑之外的植被；甚至在私人空间，也要考虑到你的设计是否会给利用附近空间的人带来危险。

2.5 附近的植被

在绿化设计中，周围环境中的植被情况是很重要的。如果你的绿色屋顶或绿墙设计想要创造生物栖息地，那么可以以周围景观为基础来开展设计。然而，附近的植被也可能是杂草的来源或导致火灾风险，这也应该纳入设计评估。

图 2.1 深圳证券交易所屋顶花园
摄影：深圳市铁汉一方环境科技有限公司

三、设计与规划

关于绿色屋顶或绿墙的最重要的决定是在设计阶段做出的。安装所带来的好处、它的构建和维护是否简单易行以及它的日常运作方式，都取决于最初的设计。这一章将探讨如何开发一个深思熟虑的、可实现的设计，并确保其长期发挥作用。

在了解用地条件的基础上，设计阶段需要考虑的其他重要问题包括：项目的总体设计效果；植物的选择；维护的需要；灌溉和排水；预算；安全问题；相关法规和管理制度；相关的建筑行业准则和评估工具。这些问题的考虑对于绿色屋顶或绿墙的成功设计至关重要，在规划建设之前应该考虑清楚。

3.1 项目目标

做绿色屋顶或绿墙项目的根本原因需要预先明确，因为这将影响整个项目的设计、施工和所需的维护水平。如果你正在为别人建造绿色屋顶或绿墙，那么你必须首先

绿色屋顶设计目标	需要考虑的因素
减少雨水径流	增加生长基质的深度和含水能力，使用高吸水植物
作为休闲场所	增加荷载能力，保证屋顶通行畅通（可达性）
轻型的、长期存在的屋顶绿化，不需灌溉	选择稳定的、轻量的基质和组件，以及高耐受力的植物，例如多肉植物
降温作用，与太阳能光伏板相结合	选择多叶的植物，提供灌溉，在太阳能板周围种植植物（但不要阻挡太阳能板接受光照）
隔热	增加基质深度，提供灌溉，选择夏季多叶的植物形成绿叶覆盖（如果冬天屋顶裸露，冬季的被动热增量可能会增加，但这一策略增加了维护需求，降低了美观性）
生物多样性	使用能够形成生物栖息地的植物和构件，比如水景和遮篷
产出食物	增加荷载能力，增加基质的深度和有机物含量，确保屋顶通行畅通，提供灌溉

图 3.1 摄政公园 20 号街屋顶花园
摄影：米娜·马尔科维奇

了解客户的需求。例如，为提高审美价值而设计的绿色屋顶可能比起耐旱、低维护或生态价值来说，更注重利用观赏价值。然而，同样的设计可能不适合于需要低维护、节水装置、促进生物多样性的客户。

以生物多样性为目标的绿色屋顶

旨在改善生物多样性的绿色屋顶应该使用当地植被。生物多样性的屋顶也应该包括不同的植被层和景观特征，以增加野生动物觅食和栖息的机会。可能用到的有：中空的原木或树枝、岩石、不同类型的生长基质（例如沙子或碎石）以及具有遮蔽功能的空间（例如屋顶瓦片和筑巢盒）。

绿色屋顶对生物多样性的价值取决于其特征和位置。一般来说，面积更大的绿色屋顶，地处相对较低的建筑之上，更靠近自然景观，要比地处密集城区、远离公园或原生

绿墙设计目标	需要考虑的因素
多层高的绿墙	预留维修通道；如果荷载能力可能有问题的话，可以考虑使用水培植物；确保植物品种的选择适合不同高度的特定光照和风力情况
观赏性，对建筑物的影响	使用各种不同开花时间的植物品种；让植栽布置形成图案；考虑到植物质感和叶片颜色；扩展种植面积，超出绿墙的边界
低成本，方便住宅的安装	考虑自己动手 DIY，尽量缩小尺寸，使用水循环系统，使用便于重新栽种的设计
生物多样性	使用多种多样的植物品种，营造生物栖息地的特征，比如果实或花蜜，或为特定物种提供庇护所，防止捕食者侵袭
室内绿墙	确保足够的光照；如果可能的话，提供人工照明
持久型绿墙	比起土壤培植的植物，可以考虑水培植物；使用远程监控系统；使用高品质的构件

植被的小而高的绿色屋顶更有价值。为促进生物多样性而建造的绿色屋顶，其目标将决定它所需要的维护水平。

为保证更好的绿化效果，可能需要在炎热干燥的时期提供灌溉。植被不能造成火灾危险或堵塞排水沟，所以屋顶四周不能种植，排水管道或其他设施周围必须保持清洁。如果想要低维护甚至是不需维护的生物多样性屋顶，那么一定要注意，某些植物品种可能是短期生长存活的。植物的持久性可以通过品种的恰当选择来改善，即选用容易播种的或者"自播种"的植物，或者能产生地下"贮藏器官"（球茎或块根）的植物，这种器官在一年的部分时间里处于休眠状态。

在绿色屋顶上种植多种多样的植物品种，比起单一品种种植来说，更有可能吸引更多的无脊椎动物、鸟类和其他野生动物。

3.2 植物选择

植被的选择取决于绿色屋顶或绿墙的用途和类型。成功的绿色屋顶或绿墙设计一定是建立在正确的植物品种选择的基础上，选用的品种应该是已知能够或可能能够应对该地区的温度、风力和降雨。

留意那些能在具有挑战性的地方良好生长的植物——这些可能是很好的候选植物。确保所用植物品种不容易滋生虫害或疾病。避免出现刺激性、有毒或多刺的品种，或容易出现营养缺乏或毒性的品种。应避免使用杂草丛生或容易出现杂草丛生状况的品种。

绿色屋顶的植物选择与生长基质紧密相关。必须考虑基质的深度，不过这反过来又取决于屋顶的重量负荷能力和项目预算。基质的深度会影响植物的生长，在某种程度上，决定了植物可以获得多少水分。某些类型的基质含有更多或更少的水。

生长基质并不是绿墙的限制因素，因为基质往往设计成适合于选用的植物种类。附生植物和岩生植物，即不需要土壤生长的植物，经常应用于绿墙，完全可以生长到成熟的大小。即使是通常在土壤中生长的品种也可以通过水培系统在没有基质的情况下生长。

植物的选择必须考虑到不同植物的养护要求和预期的外观效果，例如，是想要修剪得整整齐齐，还是想要更接近自然？维护需求将由最终的外观和性能以及客户可以接受的养护费用来决定。

3.2.1 绿色屋顶植物的选择

绿色屋顶是充满"敌意"的场所——高温、强风和高光照相结合，给植物生长带来极具挑战性的条件。植物选择需要仔细考虑场地、微气候、基质和维护等因素，这些因素与项目所期望的美学效果、功能和维护需要直接相关。

针对雨水管理的植物选择

如果设计目标是在降雨中吸收水分，那么多叶的或灌木类的品种会比多肉植物吸收更多水分，所以是更有效的植物选择。选择需水量更高的植物能更有效地清除生长基质上的雨水，让水回到空气中——虽然这似乎与我们的直觉正相反，但事实上植物叶片起到了蒸发界面的作用。此外，较高的水分流失会增加水的流动，并加剧周围环境的冷却降温。

针对美观性的植物选择

如果侧重绿化的美观性，那么就要选择全年美观的植物品种，叶片和开花都要纳入考虑。种子可以为昆虫或其他动物提供食物来源。对有些植物来说，花期过后依然具有观赏性，比如有干花或种子穗，如希母草、藿香、观赏性葱属植物和本地紫菀属植物。多层次种植，使用耐旱（季节性休眠）品种，是另一种方法，这类植物包括鳞芹属、黄菀属和其他短期存活的品种，搭配使用"永久"型观叶植物。

针对耐旱性的植物选择

来自浅层土壤生态环境中的植物，如岩生植物，已经证明能够在长时间的干旱期存活下来，并利用降雨后的充足水分，将生长基质吸干。干旱期后，这些品种能够重新发芽，即使环境条件特别恶劣，也能提供一种"保险"。

绿色屋顶植物类型
生长缓慢的多肉植物

多肉植物，特别是色彩艳丽的，在浅层基质绿色屋顶的植物选择中占据主导地位。缓慢生长和/或蔓延习性、突出的耐旱性、季节性的开花以及叶片具有强烈对比的颜色、纹理和形态，让多肉植物成为绿色屋顶植物的理想选择。有些设计会提供灌溉，特别是在一年中干燥的月份。在没有或极少灌溉的设计中，厚叶的多肉植物最适合使用。多肉植物应该高密度种植（最高可达每平方米 16 株），以提供基质表面足够的绿化覆盖，并有助于屋顶表面遮阳。

图 3.2 多肉植物

一年生与二年生植物

许多一年生与二年生植物可以在绿色屋顶上成功使用，并且倾向于分成两个不同的群组。快速生长的一年生植物和短期存活植物，特别是那些来自干旱气候地区的植物，可能对设计的观赏性很有帮助，但是需要灌溉的时间更长。蔬菜是绿色屋顶上使用的另一种主要的一年生植物。蔬菜需要灌溉以及至少200毫米深度的基质。要想确保一年生植物不变成绿色屋顶上的杂草，需要精心的植物选择和维护。

多叶类多年生植物

这类植物包括一系列非木本植物，许多植物有宿根或地下茎（如根状茎、匍匐枝等），使植物能再生并持续多年。绿色屋顶最实用的多叶类多年生植物是来自干旱地区的。这类植物中最常见的一种是开花多年生植物，主要用于季节性观赏和展示，不过许多当地开花植物也具有重要的生态价值。

另一种是观赏草和类草植物，特别是那些形成直立状草丛的植物。这类植物在纹理和形态上形成对比效果，可以通过修剪来保持其形状和习性。其中有些可能夏季有较高的用水需求，而某些地方大量的"生物量"/"植物量"（生态学术语，指某一时刻单位面积内实存生活的有机物质的总量）可能会造成火灾危险。地下芽植物（鳞茎、球茎和块茎）是另一种多叶类多年生植物，对绿色屋顶也非常实用，特别是季节性的观赏和展示。许多春秋两季开花的地下芽植物夏季处于休眠状态，这使其在温暖的月份中成功躲避干旱。具有直立生长习性的大型多肉植物是应用于绿色屋顶的另一种非常有用的多叶类多年生植物，尽管其重量随着时间的推移会相当可观。虽然许多多叶类多年生植物可以生长在基质深度只有150毫米的屋顶上，但在这样深度的基质中长期生长需要成功的灌溉。在使用有茂盛的根状茎或匍匐枝的植物时（例如一些竹子品种），需要小心谨慎；这类植物可能会变得一家独大，破坏植被的层次感。

草坪

许多绿色屋顶是专门设计来铺设草坪的。运动草皮尤其需要专门的设计，要有至少250毫米深的基质，以保证植物充分生长。植物品种的选择也要谨慎，以便达到预期的效果。草皮的维护和灌溉需求很高，特别是生长季节暴露于高层屋顶的草皮。适当的灌溉调节，再加上高质量的养护，是确保草皮健康活力的关键，尤其是运动草皮。如果面积比较小，屋顶基质层比较浅，那么应该避免使用生长力特别旺盛的品种，因为其根状茎具有侵略性，可能破坏屋顶的防水层。

图 3.3 阿拉伯婆婆纳，一年至二年生植物
图 3.4 鲁冰花，多叶类多年生植物
图 3.5 草坪

灌木

高度不超过 2 米的灌木可以应用于绿色屋顶，但基质层深度至少要有 500 毫米。灌木可以作为绿色屏障，可以用来界定空间，也可以提供地面的绿植覆盖和季节性的花卉观赏。与任何植物类群一样，灌木需要仔细选择品种并考虑其养护需求。直立生长的、稠密的灌木应该只在风力最小的地方使用，并且 / 或者提供保护屏障，以保护冠顶，防止风向切变给植物带来损害。树篱和屏障性的灌木需要定期维护，包括修剪以及清除屋顶上过多的"生物量"。

小型树木

虽然许多树木可以在 600 毫米的基质层深度上成功生长，但 1 米或更大的深度会确保达到最好的效果。树木是任何景观的主导元素，而在绿色屋顶上，与地面种植相比，树木在高度和冠幅上通常会受到阻碍。屋顶暴露程度越高，整体的"敌意"越大，树木品种的选择就越重要。在高风量的地区，稀疏的树冠、柔韧的茎和较高的耐热性，这样的树木是最好的选择。不过，一定形式的锚固对于树木的成功管理总是必要的。

3.2.2 绿墙植物的选择

根据墙体的大小，植物可以选择地被植物和较大的草本植物、灌木，甚至是小型树木。植物选择应首先考虑绿墙的预期效果。某些植物在美学和景观设计价值、耐旱、水净化、空气过滤或生态环境方面效果会更好。重要的是要认识到：植物的生长形式、光照和遮阳的方式以及面临的风力等，在垂直表面上明显不同于屋顶或地面。寻求专业的建议，参观其他绿墙，这都有助于增进有关哪种植物最适合的理解。

植物的选择也取决于用地的气候条件。要考虑植物能够获得的自然光照或人工照明的水平。选择非常耐阴的品种，以适应不良的光照条件。在高度暴露的地方，选择能够耐受阳光和风力的极端强壮的品种。使用那些具有较浅的纤维根系的品种，以便在绿墙可提供的体积有限的生长介质中促进根系坚固的锚固。要考虑到墙壁的某些部分会暴露于强风，比如顶部、角落和侧面。使用能在暴露条件下生长的植物品种，如沿海悬崖或内陆岩生植物。要注意，大型植物可能会过度生长，遮挡到其他植物，这一点在植物品种的配置中也必须考虑到。室外的绿墙经常暴露在频繁的强风中。旺盛的生长会增加养护的需求，所以生长缓慢的植物往往更受青睐。不过，生长旺盛的植物品种可以用来创造受到保护的小环境，以便在高暴露区域可以使用敏感植物。这样也可以为其他植物提供光照或遮挡，免受强风侵袭，保持环境湿度。布置植物的时候要考虑到每个品种与其他植物的毗邻关系，这会有助于在墙面上形成一个人工生态环境。

图 3.6 灌木
图 3.7 小型树木

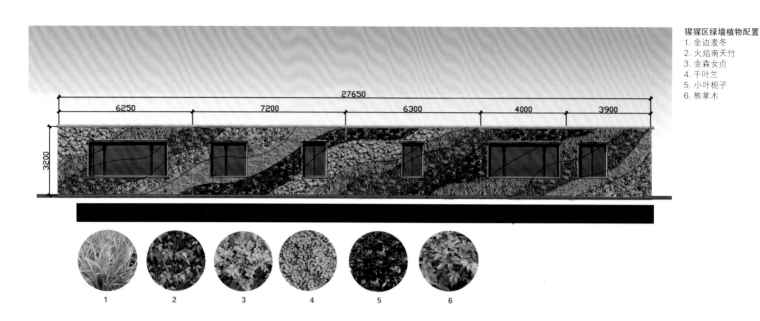

猩猩区绿墙植物配置
1. 金边麦冬
2. 火焰南天竹
3. 金森女贞
4. 千叶兰
5. 小叶栀子
6. 熊掌木

这个生态环境会随着植物的成熟而发生变化，了解其未来可能的变化也很重要。

植物的选择必须与特定的绿墙系统和所用的安装技术相匹配。并非所有植物都能在每个系统中生长良好。有些系统可能适合陆地植物（需要适当的生长基质），有些系统有灌溉／施肥设施或生长介质，有利于附生／岩生植物（这类植物不需要土壤，可以生长于树枝或岩石表面）。

灌溉用水需求可以通过选择低用水的植物来减少。要记住，墙上越靠下的位置能获得的水越多，所以选择和布置墙上植物的时候，要考虑到水量的渐变。如果有水回收利用系统，植物的选择可能需要考虑较高的盐分水平和受到影响的 pH 值。

那些容易遭到鼠类或鸟类破坏的植物可能不适合室外的绿墙。根据项目的美学和其他设计目标，选择最健壮的植物品种。

3.3 维护设计

绿色屋顶或绿墙的设计和规划必须考虑到未来如何维护。绿化设计不应超过那些将承担维护责任的人所掌握的技能、设备和资源。

对项目的管理负有最终责任的个人或团队必须清楚维护目标及其完成这一目标的能力。所有设计方案都必须从维护的角度上进行全面评估。

要想确定绿色屋顶或绿墙未来的持续维护需求，可以考虑聘请顾问或选择具有相关经验的承包商。关于未来维护可能需要哪些资源，以及所用材料所需的可能支出，设计中可以提出建议。

如果是大型商业项目，景观设计师可以提供一个正式的"维护须知"。或者，尽早明确客户的维护目标和标准，这样设计师开始设计的时候头脑中就有了这样的意识。有时候还要考虑更换或拆除绿色屋顶或绿墙，比如临时或短期的项目。

绿色屋顶和绿墙的设计可能从一开始是按好几十年的使用打算的，还有些情况可能设计时就考虑到比较有限的使用寿命。因此,在设计阶段应该考虑好更换或拆卸的可能性。

3.4 排水和灌溉规划

良好的排水系统确保了绿色屋顶或绿墙不会破坏建筑物的结构完整性,而且植物不会死于基质浸水。排水系统必须有效地从屋顶或绿墙上清除表面上和表面下的水。

尽管有绿色屋顶和绿墙能够减缓雨水的流失,并能在一段时间内保持水分,但是有排水系统来应对极端天气仍然是很重要的。排水系统的设计应该能够应对 60 分钟持续强降雨,一年内超出应对范围的可能性为 1%。

景观植被的需水量很难预估。一些园艺出版物可能介绍了特定植物的需水量。例如,有关观赏植物和草皮的生长介质的介绍,或者关于景观植物的用水分类。绿色屋顶和绿墙的可持续设计应遵循"水敏性城市设计"(WSUD)的法则,用景观管理雨水,而不是将其全部排入下水道。特别是绿色屋顶,通常会有一个预期的理想效果,尽可能长时间地蓄留雨水,向城市排水系统中排放尽可能少量的高质量(低养分)雨水径流。应该多用那些能够有效利用水并沉淀污染物的植物品种,以达到上述目标。灌溉用水的再利用对绿墙来说很有用,能让大量的水通过整个绿墙系统。如何对灌溉径流水进行消毒,以使其可重复利用,这也是设计中需要研究的课题。未经处理的水持续循环可导致土壤传播疾病并迅速蔓延,或通过累积大量营养物质对植物造成损害。

3.5 成本考量

绿色屋顶或绿墙在成本方面可能存在很大差异,取决于场地、安装的系统和使用的建筑材料。费用绝对不可一概而论,即使本书中提供的案例给出了特定装置的费用。请记住,这样的成本可能是几年前的,现在可能不同,最新的定价需要从安装公司获得。如果是小型项目,涉及的人员较少,空间更小,成本可以通过"自己动手"(DIY)来降低,但具体也很难估算。

如果是大型项目,应分配一部分资金用于培训和安全维护措施,例如"高空作业培训"。维护费用一般包括肥料、替代植物、生长基质的替换、除草、杀虫和疾病控制等。

定期检查、维护系统。检查漏水,清理排水管,重新拉紧缆索,修补松动的墙上设施。维护费用可能包括可达性设计费用,比如,可能需要一个高架的作业平台。应对突发问题的应急预案也应纳入成本考量。

建造费用会根据以下各项的情况而有所不同:

- 用地位置和可达性
- 运输的距离
- 用地现场或异地存放物料
- 起重机的通道,货物升降机的通道
- 屋面高度、大小及承载力
- 屋顶结构、屋顶设计的复杂性,包括屋面渗透
- 设计施工时间,包括植物种植的时间

四、绿色屋顶的建造

一旦绿色屋顶的规划和设计阶段完成，经过良好规划的设计就可以投入建造。本章探讨关于如何建造绿色屋顶的具体问题。

绿色屋顶由一系列水平层次结构组成，每个层次都有特定的功能。最典型的层次构成如图 4.1 所示，包括：

- 屋顶基础结构（屋顶平台）
- 防水层
- 保护层
- 排水层
- 过滤层
- 生长基质
- 植被

下文将详述每个构件的作用。

本章还包括其他可能纳入绿色屋顶或与绿色屋顶的建造有关的元素，包括：

- 漏水检测系统
- 保温
- 灌溉
- 在多风的环境或倾斜的屋顶上实现绿化
- 硬景观元素

绿色屋顶设计和安装专家可以提供专业建议，帮助选择最合适的系统和最好的施工方法。

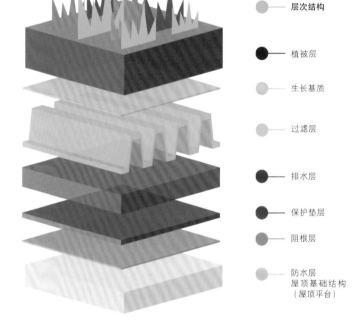

图 4.1 绿色屋顶

4.1 屋顶平台

绿色屋顶可以安装在混凝土、木材、金属板材（通常是瓦楞镀锌钢）和一系列其他材料的屋顶上。最常见的情况是安装在混凝土屋顶平台上，因为这种屋顶结构完整，易于设计，建造完成后耐久性和舒适性也更好。

4.2 防水层

屋顶不漏水对绿色屋顶施工的成功至关重要。虽然建造时用到的有些屋顶材料可能本身具有防水功能，但大多数绿色屋顶仍需要某种形式的处理或薄膜，以确保绿色屋顶的防水。建议咨询专业防水安装公司，寻求最适合的防水处理方式，与屋顶结构以及选用的绿色屋顶系统相匹配。安装人员必须了解：与传统屋顶不同的是，做完防水后还会有后续的施工工作，这意味着防水膜可能遭到破坏。关于防水膜安装完毕并确认不漏水后可能遭遇的后期损害的责任问题，建议形成书面协议。

阻根层可以和防水膜合而为一。可以在防水膜中添加抑制根系的化学成分，或者防水膜的构成本身就是根系不可穿透的一层屏障。具有阻根作用的防水比分别安装防水层和阻根层更快，但可能更昂贵。例如，EPDM 热固塑胶、热塑 PVC 和 TPO 热塑性聚丙烯膜等，但是材料的阻根性能应该与制造商进行确认。

防水膜必须防止物理和化学损伤，包括：割伤和撕裂；植物根和根状茎的施力；以及相邻构件元素可能带来的伤害。虽然防水膜随着时间的推移会变得易碎、容易损坏，尤其是暴露于冷、热环境和紫外线时，但是绿色屋顶能起到保护作用，并能显著延长防水膜的使用寿命。有些预制防水膜表面加了涂层，增加额外的保护。

4.3 保护层

阻根层

绿色屋顶上经常使用阻根层，以保护防水层免受侵袭性匍匐枝、根状茎以及树木和灌木的木质根的破坏。阻根层最常见的材料是薄聚乙烯，铺设在防水膜上。如果防水膜本身有阻根作用，那么可能不再需要单独的阻根层。如果屋顶上栽种树木、竹子或者这类生长繁茂的植物，可能需要更厚的、焊接结实的阻根层。

检查阻根层材料与沥青和聚苯乙烯的兼容性非常重要，特别是在直接接触沥青防水层或聚苯乙烯绝缘层的地方。阻根层材料还必须能够耐受植物分解时产生的腐殖酸。

防水层和阻根层之间有时需要安装隔离板，增加一层额外的保护，隔离不兼容的材料。一般采用高密度聚乙烯板（HDPE），直接置于防水层上。

保护垫层

保护垫或保护板用于保护防水膜不受安装后的损坏。最常用的材料是透水、耐磨、密集的合成纤维，比如聚酯和聚丙烯。保护垫层直接安装在防水膜上（可能同时具有阻根作用），或安装在阻根层之上，提供进一步的保护，防止根部穿透防水膜，同时也是一个隔离层。

保护垫层具有一定的吸声能力，还可以增加屋顶的水滞留，虽然程度可能有很大差异（每平方米3~12升不等），并且只有在坡度低于15°的屋顶上才真正有用。市场上有各种不同的保护垫层产品，可以根据所需功能选择，各种材料本身的厚度不同（3毫米到20毫米），纤维密度和质量也不同（每平方米320克到每平方米1500克）。安装时，保护垫层边缘处应有100毫米的重叠。有些垫层材料有橡胶衬底，需要现场黏合。垫层材料应高于所有凸出于屋顶表面的构件（如通风管、烟囱及其他穿透屋面的部件）的表面150毫米，以确保对屋顶的完整保护。

4.4 排水层

良好的排水系统对绿色屋顶至关重要，能确保建筑物的结构完整性不会受到破坏。屋面下的雨水径流必须有效地从基质中排出，进入排水层，再从屋顶表面流至雨水收集处。确保生长基质的有效排水有助于植物的健康生长，减少积水和土壤氧分贫瘠的问题。

以前的绿色屋顶经常铺一层透水碎石（例如矿渣和砾石）来排水。生长基质必须与排水层的过滤网分开。透水碎石排水层所用材料的黏土和泥沙含量应小于10%。透水碎石也应具有合适的pH值，可溶性盐的含量应较低，以保证植物生长不会受到不利影响。这种排水层很重，而且根系无法接触空气，现在一般使用塑料排水板来改善这种情况。

对现代的、轻质的绿色屋顶来说，塑料排水板材是首选的排水材料。塑料排水板可能是硬质的、开放式的网状结构，水可以自由排出；或者也可能是杯子形的，类似鸡蛋包装盒的设计，水可以储存在底部。后者的优点是，水可以储存起来供植物以后使用。可存储的水量是由特定板材决定的，随凹槽的大小和密度而变化。

排水系统应覆盖绿色屋顶的整个表面。如果使用杯状的排水板，边缘处应有重叠，以免板材之间产生缝隙。其他类型的塑料排水板也应注意良好的对接。在绿色屋顶的可通行区域使用的排水层材料应足够坚固，以避免受压变形。

4.5 过滤层

过滤层的作用是保护生长基质，防止基质的颗粒物由于冲刷而进入下层，并防止排水层的排水孔堵塞。织物类的过滤层有时称为"土工织物"。

选择和使用过滤层时应考虑以下几点：

· 预期在绿色屋顶上流过的水流量

· 基质类型——如果基质的构件有锋利的边缘，那么过滤层应足够坚固

· 植被类型——过滤层必须允许植物根系穿透，而不同植物的根系的穿透力是不同的（例如，草本植物和树木的根系，穿透能力存在很大差异）

过滤层不耐风雨，不应在阳光下长时间暴露，因此应在铺设过滤层后立即安装生长基质。种植区域的边缘处，过滤层的安装应至少达到与生长基质顶部相同的高度。

4.6 生长基质

生长基质为植物根部提供水分和营养，确保根部的气体交换，并提供锚固层以支撑植物的生长。绿色屋顶的生长基质通常由无机成分（矿物）和有机成分组成，可能包括：矿渣、灰、浮石砂、沙子、椰壳纤维、松树皮、化学惰性多孔泡沫等，甚至可以用回收的废料，如碎砖和屋顶瓦砾。有机物质通常所含比例较低（通常是20%或更少），因为其使用寿命相对较短，并且可能会变得排斥水分，如果变干就很难再吸水。基质混合物的物理和化学属性，及其深度和总量，决定了什么样的植被能在这个绿色屋顶上生长。

生长基质应：

· 有一个已知的饱和重量负荷，这是屋顶结构负荷能力的一部分，称为"饱和状态密度"

· 可自由排水，减少积水，防止大雨淹没，但也应保留足够水分以维持植物生长

· 长时间的使用后仍然保持稳定，这一点一般通过使用高比例的矿物成分和低比例的有机成分来实现

绿色屋顶的安装人员应该能够安排适当的基质混合物的供应。在施工前的规划过程中，需要考虑到生长基质的运输和安装。大多数情况下，基质的安装要使用起重机吊起袋装物，或者从卡车的料斗上"吹"过去，每个项目要根据自身的具体情况斟酌决定。

基质的安装

如果是大型的绿色屋顶项目，基质的安装要用到起重机或鼓风机。基质的运输可以是多个散装运输袋的形式，每袋一般为1立方米的容量，但如果现场状况许可，更

大体积的起重机吊袋也是可以的。基质运送到屋顶上时要注意"点荷载"不要过大，在屋顶上移动基质时也要注意荷载问题。使用鼓风机的情况要用到压缩机泵和软管，将基质"吹"到屋顶上。如果基质混合物在颗粒大小上有很大差异的话，在"吹"的过程中可能产生变化，可能需要在屋顶上进行重新混合。

生长基质应在安装前运送到现场，尽可能靠近吊车，并方便铲车或其他将其运输到吊车起吊点的机器进行作业。生长基质在安装中应尽量减少触碰，并保持潮湿，以减少粉末状颗粒物的流失。安装人员应穿戴适当的个人防护用品：手套、防尘口罩、安全眼镜和安全帽等。

覆盖物

绿色屋顶上可以使用各种覆盖物，可以是天然矿物材料的，也可以是人工板材，但需要仔细考虑来选择。有机覆盖物，尤其是精细的材料，通常不适合绿色屋顶，因为这样的材料很容易被风吹跑，还会快速降解，堵塞排水管，或者在炎热干燥的环境中产生火灾风险。拟用的任何覆盖层的"饱和状态密度"必须包括在绿色屋顶的载荷重量计算中。

4.7 植被

许多植被产品/栽植材料可供绿色屋顶使用，包括种子、插枝、幼苗、成株以及更大的盆栽植物。最好在秋季和冬季完成种植，以便在夏季前形成植被景观。植被形成期间应提供灌溉。根据栽种的时间和当时降雨量，可能需要长达 6 个月的灌溉时间。这有助于植物在生长基质中能够长到像在原来的培育容器中所能长成的程度；也有助于去除在移栽到绿色屋顶的时候根部携带原容器中的混合土。

肥料控制释放（CRF）可以在生长基质混合成型时应用，或在种植完成后应用（顶部敷料）。需要仔细考虑比例和应用方法，以确保适当的配比，避免营养物质快速排放。

树木

种植在绿色屋顶上的树木需要进行防风锚固。有各种锚固系统可用。必须定期检查支撑固定装置，以确保其正常发挥作用，不会对树木造成伤害。树木的栽种需要在生长基质中形成"树坑"，才能把树根埋起来，这需要足够的深度和宽度，以保证树木侧根的生长，维持树木的稳定性。具体请咨询专家寻求建议。

合同种植

植物可以从零售苗圃购买，如果是小型项目的话，也可以在家里种植。一般来说，如果是大型项目，可以与苗木批发厂家签订种植合同。根据需要的植被类型，合同的提前期可能从几个月到一年多不等。

种植合同会规定培育和交付植物的日期。如果由于施工延误而推迟种植日期，则应明确有关厂家继续培育植物的条款。虽然屋顶施工方可能想让厂家继续培育尽量长一些的时间，但在实际中这可能是不行的，因为苗圃场地有限，他们还要履行跟其他客户的合同。要注意确保购买的植物无杂草、无虫害。

4.8 漏水检测

防水安装完成后，要进行漏水检测。测试防水层的有效性有三种方法：

1. 电场矢量图（EFVM）。适用于导电和接电的屋顶平台，如钢质屋顶和钢筋混凝土屋顶。如果在安装防水层之前就完成金属箔片或丝网在屋顶平台上的铺设，那么EFVM 也可以用于木质屋顶或预制混凝土板屋顶。因此，必须在设计阶段就决定是否使用 EFVM。

2. 破坏性试验。适用于预制防水膜。在屋顶平台最低处的防水膜上穿孔，检查膜下是否有水。穿孔的地方过后必须修复，以确保防水膜的完整性。破坏性试验可能是老旧绿色屋顶检测漏水的唯一方法。如果是新项目，在设计时应该考虑使用EFVM，因为更简单，更安全，而且不破坏防水系统。

3. 洪水测试。只适用于坡度达到 2% 的平屋顶。洪水测试需要临时堵塞屋顶排水管，在一段时间内用一定深度的水淹没防水膜。如果要进行洪水测试，必须确认屋顶的重量，防止测试期间屋顶上的水的重量超出荷载范围。这一点能确保建筑物的结构完整性不会被破坏。

如果防水层完工后过了很长一段时间，或者在屋顶上又进行了其他施工活动或物流活动，那么建议在生长基质安装前再进行一次漏水测试。一旦生长基质和植被就位，裂缝的修复会很难进行。不过,防水层完工以及工程全部完成后(基质和植物安装后)，仍应进行 EFVM 漏水检测。EFVM 也可以在防水膜保质期到来之前进行。

4.9 隔热保温

有些项目的绿色屋顶可能包括隔热层，通常使用挤塑聚苯乙烯材料。虽然隔热层可以布置在屋顶平台下面，但首选方式还是安装在防水层之上（可以称之为一种"倒置的绿色屋顶"），因为这样能进一步保护防水膜免受压缩和物理伤害。有关隔热层作用的实现，包括绿色屋顶的结构、生长基质和植被本身的隔热保温效果，应咨询建筑能源师，寻求专业的建议。

4.10 灌溉

强烈建议绿色屋顶使用灌溉系统。绿色屋顶的灌溉规划应考虑场地布局和条件（可达性和曝光性）、植物类型、气候以及供水问题（例如水压、水质等）。生长基质的性能和深度也很重要，因为这会影响渗水、保水和排水。大多数情况下，灌溉设

绿色屋顶灌溉方式

灌溉方法	优点	缺点
微喷雾式灌溉	成本低，可见性好，易安装，可靠	分布不均（植物截断），高水分流失（风、蒸发），打湿叶片（增加疾病风险）
表面滴灌／穿孔管	成本低，可见性好，灌溉更均匀	水流失较大
地下滴灌／穿孔管	成本低，效率尚可（水到达根部的效率）	不可见（维护不便），受到损害的风险更大
地下毛细管式灌溉	效率高	成本高，养护和维修不便
与排水层相结合的灌溉	效率高，易于安装	与建筑结构相连；对已经形成的植被，如果给水层位置太深，植物根系不可达，则可能不适用
软管	易于安装，便于植物监控	成本高（人工成本），效率低，会打湿叶片，分布不均

计受水源性质的影响很大（例如，是用收集来的雨水，还是使用饮用水）。应制定用水预算，这样不仅能指导灌溉设计，而且也指导植物的选择。在较大的绿色屋顶项目中，灌溉最好由专业顾问来指导，包括系统设计、部件选择、安装和维护。表中列出了绿色屋顶灌溉设计的不同选择：扩展植物选择；提升植物生长速率；保证植被的长期生长。

自动灌溉系统

如果绿色屋顶要使用自动灌溉系统，这个系统应该包含雨水传感器。雨水传感器能在降雨量超过某个阈值时关闭自动灌溉系统。否则，如果在倾盆大雨中灌溉系统仍然运行，屋顶的负荷过大，可能会受到损害。即使是自动系统，也需要有人定期检查，测试运作情况。

湿度传感器

请注意，用于估算标准景观土壤含水率的湿度传感器，当用于估计绿色屋顶上多孔的、透水的生长基质的含水量时，提供的数据并不可靠。

灌溉频率

种植完成后，在植被形成的阶段，可能需要频繁的灌溉，例如每周2~3次。如果是粮食作物类植物，在生长周期的旺盛阶段，灌溉也十分必要，比如植物进入开花和结果期后。灌溉的频率应该与基质成分的排水和蓄水能力相匹配。如果基质排水性能非常好，再施加频繁灌溉的话，容易造成水的浪费。

灌溉方式在一定程度上决定灌溉时间。白天的高温时段，灌溉会把更多的热量输送到建筑物中，因为当水经过热的生长基质时，水会变热，当流到屋顶表面时，会将部分热量转移到建筑物中。表面和表面之下的灌溉，不会（或几乎不会）打湿叶片，这就降低了真菌疾病感染的风险。如果使用喷灌，应在清晨进行，让树叶白天保持干燥，从而减少疾病的发生。

4.11 风力的考量

即使是在平屋顶上，风浮力也会对基质和植物的稳固构成严重的挑战。风的破坏力对人和建筑物都很危险，修理费用也很高。为了确保材料不会被吹跑，可能需要保固设计。风浮力（上升压力）在屋顶中心最低，边缘和角落最高。建筑物越高，风险越大。

如果是坡屋顶，屋顶中央的最高点也会受到风浮力的影响。尽量将屋顶上的构件都进行锚固，这样能大大降低风浮力损坏绿色屋顶的风险。如果可能的话，防水层应完全黏合在屋顶上，或进行机械固定。如果防水层没有固定到屋顶，绿色屋顶组件必须提供足够的压舱物来抵抗风浮力。边缘处理最为关键：绿色屋顶周边的无植被区域可能需要较重的混凝土铺装板，而不是松散的碎石。所使用的材料必须符合绿色屋顶设计中根据屋顶位置计算出的风荷载。

有些绿色屋顶，周围安装了护栏，这也可以缓解风的流动。其他的处理，如黄麻纤维控风网或镀层金属防风网，也可能有用。

4.12 坡屋顶与剪力保护

坡屋顶的景观面临风向切变带来的切力/剪力，影响了生长基质和植物的稳固性。很多坡屋顶的屋顶绿化项目会出现滑移现象，影响到植物生长，最终导致屋顶绿化的失败。如果屋顶坡度不超过 15°，则不需要额外的保护，除非屋顶所在位置存在强风的问题。如果屋顶坡度大于 15°，建议采用基础剪力保护，可以在基质表面下方加一层抗腐蚀黄麻网，帮助植物锚固。

可以使用表面凹凸的排水板来实现更好的剪切保护。生长基质填满排水板的凹槽，防止滑移，为植物根系的生长提供了空间，确保了进一步的稳固。排水板下方必须有过滤层，以减少基质中细微颗粒被水冲刷流失。

如果绿色屋顶的坡度介于 20°～45° 之间，可以使用蜂巢状织物，织物上有许多排水凹槽，可以安装在排水和过滤层之上，增加稳固性，防止滑动。还有其他各种特殊的结构组件可以使用，这些组件能将剪力转化为构成屋顶结构一部分的稳固构件。或者也可以安装剪力防护栏。前面说过的蜂巢状织物也有用硬质高密度聚乙烯（HDPE）材料制成的，有大量网状凹槽，有助于生长基质和植物的稳固。以减少风浮力和剪力来说，这类屋顶的建造一般比平屋顶更简单。防水层必须同时具备阻根作用，上面有保护垫，不需要排水层，因为屋顶会通过重力实现有效的排水。保证屋顶上良好的植被覆盖，也有助于绿色屋顶的稳固。

4.13 硬景观元素

绿色屋顶上基本的功能元素包括：

· 非种植区

图 4.2、图 4.3 山东滨州北海政务中心植物绿墙
设计：铁汉一方

- 镶边
- 植物栽种容器
- 排水设施
- 防雨板
- 缆索连接点
- 控制盒 / 螺线管盒（内置灌溉构件）
- 装饰性与功能性景观元素，如平台、铺装、座椅、遮阳棚等

非种植区

非种植区包含通风管等凸出于屋面之上的结构，并协助排水。这类区域通常铺设大块碎石（直径 16~32 毫米），而不用生长基质，并附加排水设施，将水排到屋顶排水沟中。宽度通常在 300~500 毫米之间，与屋顶周边的碎石铺设区之间用金属镶边来隔离。也可以通过铺设石板或碎石来形成类似的非种植区，以提供穿过绿色屋顶的通路，或者在面积非常大的屋顶上作为防火通道。

镶边

在绿色屋顶上，可以用镶边来界定种植区和非种植区。镶边可以使用混凝土、不锈钢、再生塑料或铝制品。过滤层上方可以安装 L 形镶边，一般有穿孔，以实现排水。

植物栽种容器

植物容器必须由耐候性材料制成，而且成分必须在物理上和化学上相互兼容。制造种植容器的常用材料有粉末涂层金属、镀锌钢、陶瓷和木材等。

排水设施

所有排水口必须易于维护，避免被落叶和生长基质冲刷物所堵塞，外面要有保护罩、盖子或者过滤器。建议施工后进行检查，降雨过后要检查，平时每三个月检查一次。

排水硬件设施的选择取决于预期的功能和外观。如果排水沟与屋顶表面齐平，应安装格栅以防止排水管堵塞。

防雨板

如果屋顶有栏杆，则需要安装防雨板以保护建筑结构。防雨板应该在做防水的时候安装，以确保防水膜的边缘处以及护墙的垂直和水平表面的防水膜不会暴露在雨中。

五、绿墙的建造

绿墙在设计和构造上有很大的差异，而且往往要使用专利系统。绿墙设计和安装专家可以提供专业建议，帮你选择最合适的系统和最好的施工方法。对于小型的 DIY 项目，市场上有许多模块化的绿墙系统可供选择。

5.1 绿墙系统的结构和组成

水培绿墙系统可以是模块化的容器，也可以是大型的面板。系统安装在承重墙（或独立结构）的支架上，以在墙壁（或其他结构）和绿墙系统的界面之间形成允许空气流通的空隙。如果是水培系统，要为植物提供物理锚固的惰性生长介质。例如，"园艺泡沫"、矿物纤维或毡垫等。这些材料就像吸水海绵。不过，吸水越多，系统就变得越重。水培系统的优点是，不存在生长介质的结构老化，没有从肥料中形成的盐，营养物质以精确可控的方式施与。随着时间的推移，植物根系在整个系统中生长、分枝，形成一个非常牢固的根系网络。

使用生长基质的系统要用到塑料或金属制成的基质容器。基质直接装在空容器中或置于透水的合成纤维袋内。容器连接在一起，固定在墙上或独立结构上（可能是金属架）。或者，可以将塑料或金属的生长容器悬挂固定在墙上的金属栅格上。容器可以拿走，进行维修或重新种植。大多数使用生长基质的系统都要使用自动灌溉，就像水培的绿墙系统一样。

生长基质提供了一种结构来支持植物，并促进水、空气和养分的吸收，与水培系统相比，降低了持续管理的需要。然而，随着时间的推移，养分的储备会耗尽，而且生长基质中可能会形成盐分的堆积。

传统的盆栽混合料并不是适合绿墙的生长基质。专业的绿墙供应商会为特定的绿墙设计提供最适合的生长基质的建议。

5.2 防水

防水根据项目的不同可能有很大差异。有些项目，在种植系统和墙壁之间有足够的空气间隙，防水处理就没有必要了。空气间隙阻止了水在墙体和种植系统之间的流动，而空气带来植物根部的"自然修剪"，减少了根部直接接触墙壁的风险（直接接触的话也是为水分的流动提供了路径）。防水处理可以防止潮湿以及肥料中的溶解盐对墙壁的破坏。有些项目，支撑绿化的墙体可能本身就是防水的，例如，预成型的混凝土墙可能很厚，完全达到防水标准；或者是用船舶级防水标准的胶合板建造的

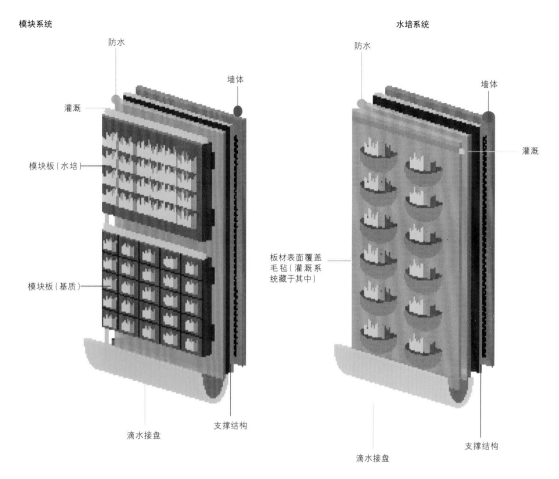

模块系统

防水

灌溉

墙体

模块板（水培）

模块板（基质）

滴水接盘

支撑结构

水培系统

防水

墙体

灌溉

板材表面覆盖毛毡（灌溉系统藏于其中）

滴水接盘

支撑结构

图 5.1 绿墙系统

墙体，板层本身会有一定程度的防水作用。防水层与墙体的连接点以及防水层与滴水接盘的连接处，要特别注意防水处理。

使用滚筒的液体防水处理，室内和室外绿墙均可使用。任何绿墙的防水，都建议咨询专业防水顾问，以确保选择最合适的处理方案。防水膜的制造和安装应符合当地用于建筑室外区域的防水膜的标准。防水处理应遵循住宅建筑的其他内部区域的防水做法，如浴室、厨房和洗衣房等。

滴水接盘用来盛接从生长介质中流出的过量的灌溉水，以及从叶子上滴下的水滴。滴盘的大小应该足以容纳整个灌溉周期的水量（在随后的循环开始之前排尽）。如果溢流能灌溉绿墙下的植被，则可能不需要滴盘。确保溢流不会产生滑移危险，破坏建筑结构，或向地面的植物提供过量的水分或养分。在种植系统底部的滴盘或蓄水槽中汇集的水可以抽回到绿墙顶部，以便重新使用，不会浪费，前提是要对其进行处理，以防止营养物质的积聚。

滴盘应该有一个直径足够大的排水管，以清空滴盘或有效控制水量，防止滴盘水溢出。绿墙系统的边缘和功能元素的安装处（比如灌溉系统和滴盘）可进行特别处理，实现外观的美化。

5.3 灌溉和植物营养

没有灌溉，绿墙就无法维持。水供应中断是导致绿墙植物枯萎的常见原因。采用内置灌溉系统的设计可以减少由于水分管理不持续而造成的植物损失。

自动化的远程控制灌溉系统一般用于重要场所的绿墙设计，或者是人工灌溉不可行的情况。请注意，不同的自动灌溉系统，其质量、设计和成本会有所不同。最复杂的系统使维护者能够跟踪系统的自动化性能，包括所施加的灌溉量、灌溉频率、基质含水量以及供水中的 pH 值和营养水平。如果需要，程序可以重新设置；例如，在炎热的日子里，灌溉周期的频率或持续时间可能需要增加。在水培系统中，植物营养是由一种肥料注入系统提供的，该系统将一定剂量的肥料释放到灌溉系统中——即"灌溉施肥"（灌溉与施肥同时完成）。灌溉施肥系统及其肥料的释放速率需要专业知识的指导，因为这比土壤施肥或使用容器栽培的生长介质更为复杂。水培系统需要持续监测 pH 值、水硬度和总溶解固体（TDS），并在必要时调整这些参数。

对于水培绿墙，灌溉施肥系统可每平方米使用 0.5~20 升的灌溉溶液。室内绿墙的需求是这个范围的最小量，而室外绿墙则是最大量。灌溉周期通常持续几分钟，每天需要几次。保持较小的灌溉量，减少溢流和浪费。灌溉溢流可以用绿墙底部的容器盛接，并通过绿墙系统回收利用。

绿墙如果使用高质量的、能蓄水的、像土壤一样的生长介质，其位置不暴露在阳光下，也不是在特别炎热的地方，那么可以每周浇一次水，就能确保植物茁壮成长。大多数简单的、使用土壤的绿墙，包括 DIY 的绿墙，会将控释肥料（CRF）与生长介质混合在一起，而不是使用灌溉施肥系统。

植物在墙上安装完成后，灌溉必须立即可用。灌溉系统需要一个水量计来监测灌溉量，还需要一个压力计来监测平稳给水。绿墙需要持续的定期灌溉，尽量实现水的可持续利用，这意味着应该尽可能使用储存水（收集的雨水或回收的废水），因此有必要使用水泵。

5.4 植被

绿墙使用的植物的大小取决于工程完成时所需的墙面外观。种植密度可高达每平方米 25 ~ 30 株。可以通过在一个区域内重复种植来设计绿墙的装饰图案。一开始使用小型植物的绿墙，比起那些使用来自栽种容器中的成熟植株的绿墙，需要更长的

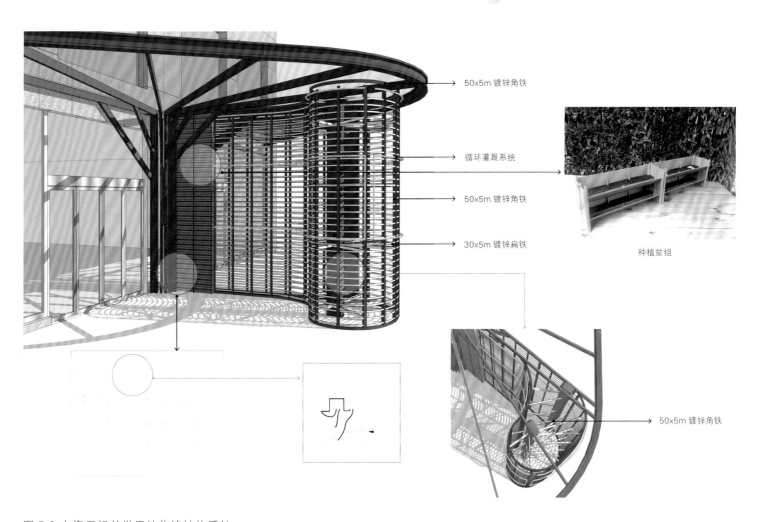

图 5.2 上海元祖梦世界植物墙结构系统
设计：上海翁记环保科技有限公司

时间才能达到预期效果。种植模块的尺寸决定了所需栽植材料的大小。不同的绿墙系统，对不同类型植物的生长习性来说，会有不同的效果，比如有些植物直立生长，有些聚丛、不规则生长、下垂或攀爬。

5.5 照明

如果绿墙所在区域光线很少的话，通常需要照明。许多绿墙都安装在没有照明的区域，试图为环境添加一抹绿意，但是在那样的环境下植物通常无法生长。绿墙照明是高度专业化的，需要照明设计师或工程师的专业知识。植物需要特定"质"和"量"的光照来进行光合作用、生长、开花和发育。不同的植物品种需要不同程度的光照。

六、维护

本章提供了有助于制定维护计划的信息。详细的维护计划会列出维护标准（性能指标）、要进行的任务以及实现这些任务所需的资源。一旦创建，维护计划应该至少每年审查一次，以确保满足维护需求。

6.1 维护计划

维护计划应包括对以下各项的明确表述：

维护目标　　从绿色屋顶或绿墙的设计意图出发制定维护目标。

性能指标　　例如限定植物叶片完全覆盖一个区域的时间。

单个任务　　明确任务类型、范围和期限。

培训要求　　例如高空作业培训以及要用到的安全设备。

维护计划也应包含风险管理，目的是减少或消除可能导致建筑物损害或人身伤害的情况。如果是大型项目，维护计划通常以建筑管理计划为基础，包括设计、建造、操作、维护、更新和拆除／替换。

有些绿色屋顶和绿墙项目，特别是一些商业楼的项目，维护工作是由建筑业主以外的其他人进行。与安装公司或推荐的第三方签订维护协议可能是确保绿色屋顶或绿墙长期保持最佳状态的最经济的方法。如果签订维护合同，一定要规定清楚维护协议的期限、维护责任的范围以及将维护工作交给新承包商或交回到业主的情况。

可以指派一名主管来监督整个维护工作的管理。要明确是谁负责向维护人员提供指导，并对维护工作是否达到要求进行评估。

维护经理的工作包括：

· 维护时间安排：可能需要灵活安排。例如，极端天气情况发生后，可能需要进行实地查访以便在必要时修复损坏。

· 联系维护承包商：在实地查访开始时确定承包商，签订承包合同，结束时，签字确认合同结束。在查访开始前安排一次工作前的安全会议，配发钥匙，并提供所需的专业设备。

6.2 维护清单

维护工作可以从以下几个类别加以考虑。

创建后的初期维护：在施工完成后的一到两年期间，进行初期维护，包括充分实现设计意图和预期效果的工作。对于植物来说，包括修剪、除草和灌溉等任务，以确保植物健康茁壮地生长。

常规或经常性维护：常规或经常性维护包括定期进行的维护工作，以确保屋顶或绿墙的外观、功能和安全性达到最低标准或客户要求的标准。对于植物来说，包括除草、修剪、清除落叶以及修理草坪（有些项目可能涉及）等。

周期性维护：周期性维护是定期（并不十分频繁）进行的有计划的维护。周期性维护包括对底层建筑结构的维护，以及绿色屋顶或绿墙系统的特定部件的维护。可能涉及对木质植物的不经常的修剪或其他的成形性管理，例如对其进行矮林平茬处理（为助长而进行的修剪），或每年对平台或其他硬景观元素的处理，以保持其安全性和功能性。

应激性维护／紧急维护：当系统的某部分突然失效或出现即将出现故障的迹象时，就会进行应激性维护或紧急维护。故障可能是源于长期的问题，没有及时发现。例如，树木根部造成的堵塞，或极端天气情况造成的突然损坏（例如，暴雨雨水入侵）。

翻新维护：翻新维护可能是改变设计意图的维护工作。这可能是由于建筑所有权的变更带来了改变的需要，也可能是想通过翻新时的维护来对当初设计上的失败加以补救。

防火

维护计划必须确保绿色屋顶或绿墙上的植物不会造成火灾危险。干枯的植物必须及时清除，这也是定期维护的工作内容。可以通过在植被中安装隔火道或使用低生物量的植物来增加防火强度（例如，栽种叶片量较小的本地原生草丛类植物）。栽种落叶或常绿植物的建筑外墙，如果在日常维护过程中清理干净干枯的叶片，那么就不太可能产生火灾风险。经常灌溉和维护的绿墙，植被不会造成火灾风险。

6.3 植物营养

维护的一个重要内容是确保植物有足够的营养。这一小节提供关于屋顶植物营养的信息。这里没有涉及绿墙，因为绿墙安装的专业团队会提供特定的指导，以满足特定绿墙、特定植物的营养需求。绿墙的肥料是通过灌溉系统以液态形式输送的。

通过与设计师和客户进行协商，确定控释肥料（CRF）的最小适用率。其目的是既提供足够的营养，以保证植物的茁壮生长，同时尽量减少养分流失到灌溉/雨水径流中。因此，绿色屋顶所用的肥料的成本通常要比花园或容器栽种所需低得多。如果是只有多肉植物的话，可能不需持续施加任何肥料。

控释肥料是绿色屋顶植物营养的最适宜选择。这种肥料以透水树脂颗粒的形式存在，应用于生长基质表面，但应妥善耙平或混合，确保均匀分布在屋顶上。每一次降雨或灌溉都溶解了储存在颗粒中的少量无机营养物质。如果屋顶从下面灌溉（通过"地下"灌溉系统），那么一定要确保肥料均匀混合在基质中。屋顶温度升高会导致肥料过度损失，给植物的生长带来损害。

液体肥料不适合绿色屋顶的日常使用，因为营养物质很可能从混合物中过滤出来，随着雨水径流流失。确定植物是否存在营养缺乏，目视检查（外观检验）是一种重要方式。

图 6.1 上海元祖梦世界植物墙
设计：上海翁记环保科技有限公司

案例解析

- 屋顶花园
- 建筑外墙绿化
- 室内垂直花园
- 边坡小品绿化

常州凤凰谷武进影艺宫立体绿化

项目地点：中国，江苏，常州

设计及施工单位：南京万荣园林实业有限公司

项目面积：屋顶 7700 平方米、墙面 630 平方米

摄影：绿空间立体绿化团队

植物配置：金森女贞、金边黄杨、亮叶忍冬、佛甲草、金山绣线菊、丛生福禄考、月见草、三七景天、黄金菊、速铺扶芳藤

项目描述

凤凰谷武进影艺宫位于常州市武进区，建筑面积约为48000平方米，因其造型酷似展翅的凤凰，故称为凤凰谷。整个建筑分为 A、B、C 三栋相对独立的单体，但又形成相互呼应的整体，其屋面是由不同坡度的斜屋面组成，呈几何状拼接而成。其中屋顶景观绿化和外墙垂直绿化是该绿色建筑的最大亮点和特色，由南京万荣绿空间立体绿化团队施工建设，工程凭借立体绿化等多项先进技术荣获三星级绿色建筑认证，并取得建筑行业最高荣誉——鲁班奖。

屋顶景观绿化面积总计约为 7700 平方米（其中 A 区屋顶绿化面积 4500 平方米，B 区屋顶绿化面积 2700 平方米，C 区屋顶绿化面积 500 平方米）。由于凤凰谷影艺宫的建筑设计和屋顶均为不规则几何形，屋面坡度分属于 15～30 度、30～45 度、45～60 度三种不同的坡度，因此水土保持和屋面绿化的固定成为施工的重要考虑因素。

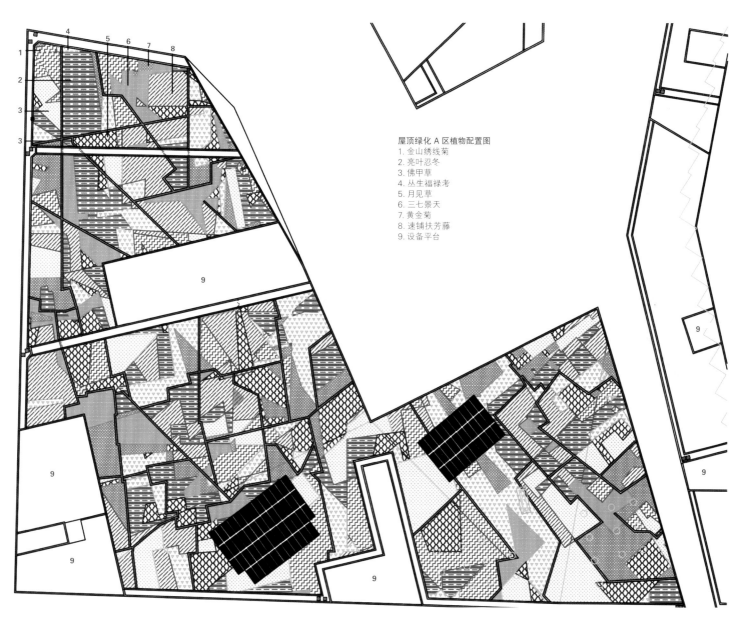

屋顶绿化 A 区植物配置图
1. 金山绣线菊
2. 亮叶忍冬
3. 佛甲草
4. 丛生福禄考
5. 月见草
6. 三七景天
7. 黄金菊
8. 速铺扶芳藤
9. 设备平台

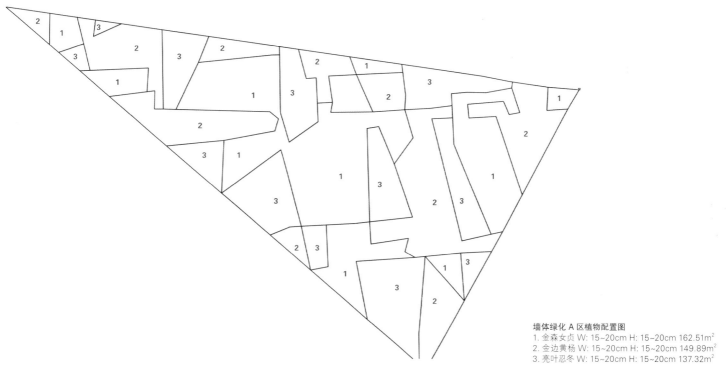

墙体绿化 A 区植物配置图
1. 金森女贞 W: 15~20cm H: 15~20cm 162.51m²
2. 金边黄杨 W: 15~20cm H: 15~20cm 149.89m²
3. 亮叶忍冬 W: 15~20cm H: 15~20cm 137.32m²

丛生福禄考

丛生福禄考，是针叶天蓝绣球的别名，多年生矮小草本。茎丛生，铺散，多分枝，被柔毛。叶对生或簇生于节上，钻状线形或线状披针形，长1~1.5厘米，锐尖，被开展的短缘毛；无叶柄。花数朵生枝顶，成简单的聚伞花序，花梗纤细，外面密被短柔毛，花冠高脚碟状，淡红、紫色或白色。

佛甲草

佛甲草，景天科多年生草本植物，无毛。茎高10~20厘米。3叶轮生，少有4叶轮或对生的，叶线形，先端钝尖，基部无柄，有短距。花序聚伞状，顶生，疏生花，中央有一朵有短梗的花；萼片线状披针形。蓇葖略叉开，花柱短；种子小。花期4~5月，果期6~7月。

黄金菊

黄金菊是一种草本植物。菊科，菊属。多年生草本花卉，叶子绿色，羽状叶有细裂，花黄色，花心黄色，夏季开花。全株具香气，叶略带草香及苹果的香气。黄金菊喜阳光，排水良好的沙质壤土或土质深厚，土壤中性或略碱性。

金边黄杨

金边黄杨，别名：金边冬青卫矛、正木、大叶黄杨。卫矛科、卫矛属植物，冬青卫矛的变种之一。属常绿灌木或小乔木，小枝略为四棱形，枝叶密生，树冠球——单叶对生，倒卵形或椭圆形，边缘具钝齿，表面深绿色，叶缘金黄色，有光泽。

金森女贞

金森女贞，别名：哈娃蒂女贞，木犀科、女贞属大型常绿灌木，花白色，果实呈紫色。春季新叶鲜黄色，至冬季转为金黄色，节间短，枝叶稠密。花期3至5月份，圆锥状花序，花白色。

金山绣线菊

金山绣线菊，原产北美，绣线菊属落叶小灌木，高度仅25~35厘米。枝细长而有角棱。叶菱状披针形，长1~3厘米，叶缘具深锯齿，叶面稍感粗糙。喜光照及温暖湿润的气候，在肥沃的土壤中生长旺盛，耐寒性较强，适宜中国长江以北多数地区栽培；可作观赏。

亮叶忍冬

亮叶忍冬是女贞叶忍冬的亚种，常绿灌木，株高可达2~3米，枝叶十分密集，小枝细长，横展生长。叶对生，细小，卵形至卵状椭圆形，长1.5~1.8厘米，宽0.5~0.7厘米，革质，全缘，上面亮绿色，下面淡绿色。花腋生，并列着生两朵花，花冠管状，淡黄色，具清香，浆果蓝紫色。

三七景天

三七景天是费菜的别名，景天科景天属植物，多年生肉质草本。根状茎短，粗茎高20~50厘米，有1~3条茎，直立，无毛，不分枝。叶互生，狭披针形、椭圆状披针形至卵状倒披针形，长3.5~8厘米，宽1.2~2厘米，先端渐尖，基部楔形，边缘有不整齐的锯齿；叶坚实，近革质。

速铺扶芳藤

速铺扶芳藤为常绿藤本植物，叶片深绿色，也无任何色斑和彩色边缘。茎可达10米，并能随处生根，常匍匐或攀缘于山石、花架或墙壁及树上，有极强的攀附能力。枝条生长茂密，叶色油绿，有较浅的叶脉，入秋叶色变红，冬季呈红褐色。速铺扶芳藤是优良的立体绿化材料，茎可长达10米，且能随处生根。

月见草

月见草为柳叶菜科月见草属下的一个种。适应性强，耐酸耐旱，对土壤要求不严，一般中性、微碱或微酸性土，排水良好，疏松的土壤上均能生长，它在土壤太湿地方，根部易得病。北方为一年生植物，淮河以南为二年生植物。

千鸟花

千鸟花，多年生宿根草本，株高100~150厘米。多分枝，叶对生。穗状花序或圆锥花序顶生，花小，白色或粉红色。花期5~9月。千鸟花为直根性植物，须根少，宜直播，移植带土团。较耐寒、喜阳光、怕暑热、忌积涝，宜在深厚肥沃的砂质土壤上生长。

整个屋顶绿化工程采用 9 种不同色彩、不同习性和不同高度的植物，以常州本地传统绣花工艺"乱针绣"的形式来进行植物配置，用错落有致的线条、色彩斑斓的图案搭配风格独特的建筑，表达出想象力与创造力，一方面展示了分层加色、线条长短交叉的自然美感，另一方面也表达了多元文化的碰撞融合之音。

外墙垂直绿化面积总计约为 630 平方米，高度达 30 米，角度达 80~85 度，针对施工难度大、固定要求高、养护要求高、防风指数大等特点，特采用种植模块进行施工。利用种植模块轻便化、自重轻的优点，预先在圃地生产培植，施工时直接安装，且易于更换和维修。植物采用多年生常绿灌木进行覆盖，整体建成后成为外墙装饰面的一部分，与玻璃幕墙和"乱针绣"铝板交相辉映，成为整个工程会呼吸的外饰面和亮点。

考虑到屋顶的特殊气候和项目面积大等特点，绿空间立体绿化团队选用了技术成熟完善的自动水肥滴灌系统来实现浇灌，根据屋面面积实行分区轮灌，以保证每株植物都能得到充足的水分和养分。最值得一提的是在项目中引入物联网技术实现了灌溉的远程控制，只要有网络，就可以通过电脑、智能手机对灌溉情况进行实时监控。由于该系统可以 24 小时对灌溉异常实现报警，从而极大地增强了灌溉的可靠性。

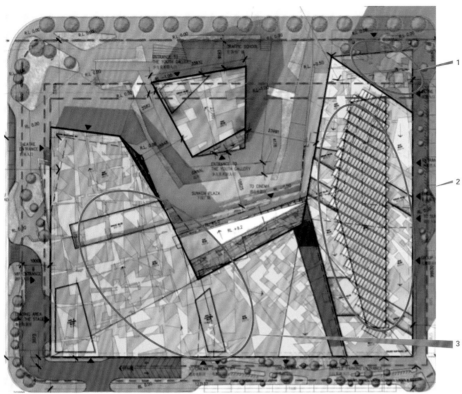

屋顶坡度展示图
1. 坡度介于 45~55 度
2. 坡度介于 20~30 度
3. 坡度小于 20 度

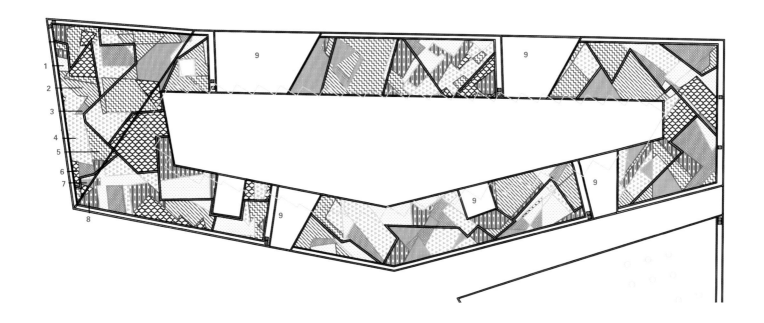

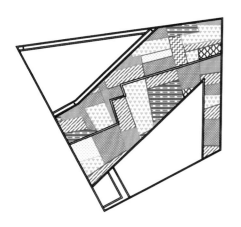

屋顶绿化 B 区植物配置图
1. 佛甲草
2. 速铺扶芳藤
3. 黄金菊
4. 丛生福禄考
5. 金山绣线菊
6. 月见草
7. 三七景天
8. 亮叶忍冬
9. 设备平台

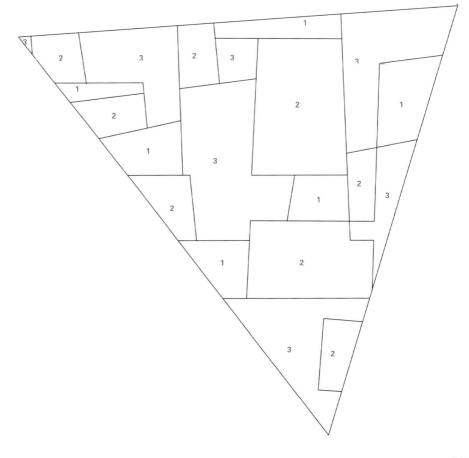

墙体绿化 C 区植物配置图
1. 金森女贞 W: 15~20cm H: 15~20cm 56.88m²
2. 金边黄杨 W: 15~20cm H: 15~20cm 119.57m²
3. 亮叶忍冬 W: 15~20cm H: 15~20cm 137.51m²

北京·京投银泰万科·西华府

项目地点： 中国，北京
设计师： 刘彩、王刚
设计团队： 麦田景观
项目面积： 约 147000 平方米
业主： 京投银泰地产、万科地产
摄影： 存在建筑
植物： 白蜡（特）、白蜡、元宝枫、金叶榆、丛生元宝枫、云杉、白皮松、山杏、紫玉兰、八棱海棠、丛生黄栌、石榴、山楂、果海棠、苹果、金银木、丁香、紫叶矮樱、天目琼花、迎春、大叶黄杨球、胶东卫矛球、紫叶小檗球、锦带球、五角枫球、贴梗海棠、迎春、红瑞木、紫薇、天目琼花、金银木、月季、珍珠梅、太平花、紫丁香、连翘、木槿篱、小叶黄杨篱、大叶黄杨篱、北海道黄杨篱、金叶女贞、八宝景天、鼠尾草、地被菊（粉）、地被菊（紫色）、地被菊（混色）、假龙头、荷兰菊、黑心菊、松果菊、金鸡菊、细叶芒、卡尔拂子茅、拂子茅、柳枝稷、花叶芒、狼尾草、紫光狼尾草、小兔子狼尾草、蓝羊茅、金边阔叶麦冬、藤本月季、紫藤、五叶地锦、爬山虎、美国凌霄、常春藤、芹菜、生菜、黄瓜、长豆角、土豆、红萝卜、西红柿、迷迭香、大葱、草莓、红辣椒、油菜、圣女果、丝瓜、冷季型草坪

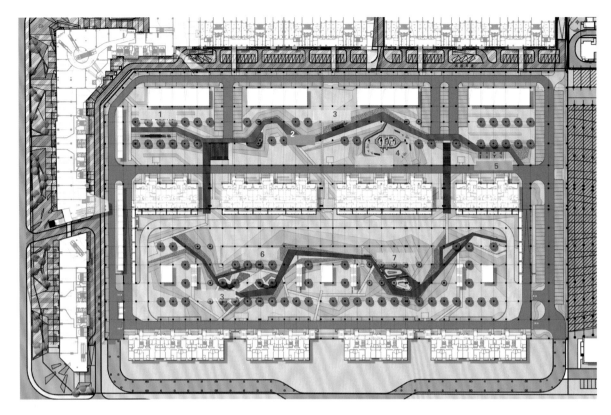

总平面图
1. 室外宴会厅
2. 跑道
3. 特色廊架
4. 童玩中心
5. 悦动健身场
6. 缤纷花园
7. 冥想书吧

项目描述

京投银泰万科·西华府项目位于北京市丰台区郭公庄地铁站。它是一个极具自身特点的地铁站上盖项目，而上盖项目对于景观设计而言有着诸多挑战，例如苛刻的覆土种植条件、复杂蓄水排水组织、荷载计算与处理、景观构筑物基础的生根方式、植物材料的选择与维护等。

由于项目的覆土预留条件只有 30 厘米，设计师对土壤进行了轻质土改良处理，不仅增加了土壤的肥力，也使得土壤的厚度有效提升 10~20 厘米，使得草皮、宿根花卉、灌木、观赏草能够正常生长。

传统排水无法满足此项目的排水组织需求，因此采用了虹吸排水方式，通过雨水口、截水沟、盲管等多种形式相结合，达到雨水有组织的进行排放。

景观构筑物的实施需满足荷载要求、不能破坏顶板防水等一系列限制因素。构筑物基础尽量落位在结构柱上，尽量采用钢结构，同时运用了构筑物结构放角面积加大等措施。

为了确保能够种植大乔木，在盖上顶板柱点的位置增加了树钵，树钵的材质与密度、土球的体积与乔木的胸径、高度都是经过详细计算论证的，以确保在满足荷载、防风固土、排水良好的前提下最大限度地提升乔木的观赏效果。

对于植物材料的选择上，项目团队对北方植物库资源进行了详细的甄选、研究与调研，最终确认耐维护、抗性好、效果优良的宿根植物 20 余种，观赏草 10 余种，以及多种类的乔木、灌木、藤本植物作为盖上植物栽植素材。

项目制定详细的后期养护预案，确保软景观效果能够持续展现，春季对观赏草进行根系梳理，控制观赏草的密度，达到观赏草的最佳观赏效果；冬季对观赏草进行修剪，部分品种需做防冻处理，保证安全过冬；同时，观赏草周边散置碎石，保证春季发芽期及冬季修剪后的景观效果。

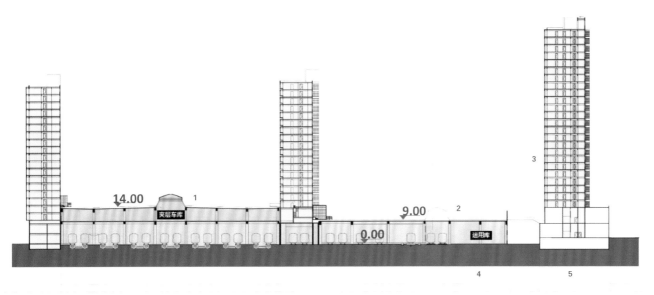

剖面图 A–A
1. 商品房车库
2. 地铁车库
3. 建筑连廊
4. 消防车道
5. 公建

植物名称	类型	规格			种植密度	数量
		胸径	高度	冠幅		
白蜡（特）	落叶乔木	12cm	> 6.0m	> 3.0m	—	4
白蜡	落叶乔木	12cm	> 4.0m	> 3.0m	—	25
元宝枫	落叶乔木	12cm	> 4.0m	> 3.0m	—	2
金叶榆	落叶乔木	10cm	> 4.0m	> 2.5m	—	3
丛生元宝枫	落叶乔木	6cm	6.0m	> 3.5m	—	4
云杉	常绿乔木	—	3.5m	> 2.5m	—	8
白皮松	常绿乔木	—	3.5m	> 2.5m	—	6
山杏	落叶小乔木	D地12cm	3.5m	> 2.5m	—	2
紫玉兰	落叶灌木	D地12cm	3.5m	> 2.0m	—	2
八棱海棠	落叶小乔木	D地12cm	3.5m	> 2.0m	—	6
丛生黄栌	落叶小乔木	D地8cm	3.5m	> 2.0m	—	3
石榴（盆栽）	落叶小乔木	D地10cm	2.5m	> 2.0m	—	22
山楂（盆栽）	落叶小乔木	D地10cm	2.5m	> 2.0m	—	22
果海棠（盆栽）	落叶小乔木	D地10cm	2.5m	> 2.0m	—	10
苹果（盆栽）	落叶小乔木	D地10cm	2.5m	> 2.0m	—	10
金银木	落叶灌木	—	1.5m	1.2m	—	35
丁香	落叶灌木	—	1.5m	1.2m	—	35
紫叶矮樱	落叶灌木	—	1.5m	1.2m	—	40
天目琼花	落叶灌木	—	1.5m	1.2m	—	34
迎春	落叶灌木	—	1.5m	1.2m	—	4
大叶黄杨球A	常绿灌木	—	1.2m	1.2m	—	1
大叶黄杨球B	常绿灌木	—	0.8m	0.8m	—	2
胶东卫矛球	半常绿灌木	—	0.8m	0.8m	—	3
紫叶小檗球	落叶灌木	—	0.8m	0.8m	—	1
锦带球A	落叶灌木	—	1.2m	1.2m	—	6
锦带球B	落叶灌木	—	0.8m	0.8m	—	6
五角枫球A	落叶乔木	—	1.2m	1.2m	—	8
五角枫球B	落叶乔木	—	0.8m	0.8m	—	4
贴梗海棠	落叶灌木	—	1.2m	—	36株/㎡	85.7㎡
迎春	落叶灌木	—	1.5m	—	36株/㎡	63.2㎡
红瑞木	落叶灌木	—	1.0m	—	36株/㎡	15.4㎡
紫薇	落叶灌木	—	1.5m	—	36株/㎡	25㎡
天目琼花	落叶灌木	—	1.2m	—	36株/㎡	14.1㎡
金银木	落叶灌木	—	1.5m	—	36株/㎡	17.2㎡
月季	常绿、半常绿灌木	—	0.8m	—	36株/㎡	34.1㎡
珍珠梅	落叶灌木	—	1.0m	—	36株/㎡	21.1㎡
太平花	落叶灌木	—	1.2m	—	36株/㎡	7.7㎡
紫丁香	落叶灌木	—	1.5m	—	36株/㎡	15.3㎡
连翘	落叶灌木	—	1.0m	—	36株/㎡	68.2㎡
木槿篱	落叶灌木	—	0.6m	—	36株/㎡	603.2㎡
小叶黄杨篱	常绿灌木	—	0.6m	—	36株/㎡	620.3㎡
大叶黄杨篱	常绿灌木	—	0.6m	—	36株/㎡	814.9㎡

植物名称	类型	规格			种植密度	数量
		胸径	高度	冠幅		
北海道黄杨篱	常绿灌木	—	0.9m	—	36 株 / ㎡	211 ㎡
金叶女贞	半落叶灌木	—	0.4m	—	36 株 / ㎡	520.6 ㎡
八宝景天	多年生草本植物	—	0.4m	0.2~0.3m	64 株 / ㎡	3 ㎡
鼠尾草	一年生草本植物	—	0.4m	0.2~0.3m	84 株 / ㎡	49.5 ㎡
地被菊（粉）	多年生宿根草本花卉	—	0.3~0.4m	0.2~0.3m	64 株 / ㎡	46.4 ㎡
地被菊（紫色）	多年生宿根草本花卉	—	0.3~0.4m	0.2~0.3m	64 株 / ㎡	21.1 ㎡
地被菊（混色）	多年生宿根草本花卉	—	0.3~0.4m	0.2~0.3m	64 株 / ㎡	19.3 ㎡
假龙头	多年生宿根草本花卉	—	0.5m	0.2~0.3m	64 株 / ㎡	27.3 ㎡
荷兰菊	多年生宿根草本花卉	—	0.3~0.4m	0.2~0.3m	84 株 / ㎡	19.5 ㎡
黑心菊	多年生宿根草本花卉	—	0.5m	0.4~0.6m	64 株 / ㎡	11.7 ㎡
松果菊	多年生宿根草本花卉	—	0.5m	0.4~0.6m	64 株 / ㎡	13.2 ㎡
金鸡菊	多年生宿根草本花卉	—	0.5~0.6m	0.2~0.3m	64 株 / ㎡	26 ㎡
细叶芒	多年生草本植物	—	1.8m	0.35~0.45	9 丛 / ㎡	2488.7 ㎡
卡尔拂子茅	多年生草本植物	—	1.5m	0.3~0.45	9 丛 / ㎡	719.5 ㎡
拂子茅	多年生草本植物	—	1.5m	0.3~0.45	9 丛 / ㎡	2020.2 ㎡
柳枝稷	多年生草本植物	—	1.2m	0.35~0.45	9 丛 / ㎡	127.6 ㎡
花叶芒	多年生草本植物	—	1.2m	0.35~0.45	9 丛 / ㎡	302.5 ㎡
狼尾草	多年生草本植物	—	0.9m	0.35~0.45	9 丛 / ㎡	5046.8 ㎡
紫光狼尾草	多年生草本植物	—	0.8m	0.35~0.45	9 丛 / ㎡	205.4 ㎡
小兔子狼尾草	多年生草本植物	—	0.5m	0.25~0.3	16 丛 / ㎡	552.9 ㎡
蓝羊茅	常绿草本	—	0.3m	—	—	103.3 ㎡
金边阔叶麦冬	多年生草本植物	—	0.3m	—	—	239.3 ㎡
藤本月季	落叶藤本灌木	D 地 2cm	1.5~2.0m	—	—	47 ㎡
紫藤	落叶藤本灌木	D 地 4cm	1.5~2.0m	—	—	16 ㎡
五叶地锦	落叶木质藤本植物		1.5 2.0m	—	—	348 ㎡
爬山虎	落叶木质藤本植物	—	1.5~2.0m	—	—	54 ㎡
美国凌霄	落叶木质藤本植物	—	1.5~2.0m	—	—	45 ㎡
常春藤	常绿木质藤本植物	—	1.5~2.0m	—	—	213 ㎡
芹菜	草本	—	—	—	—	0.8 ㎡
生菜	一年生或二年草本	—	—	—	—	1.6 ㎡
黄瓜	一年生蔓生草本植物	—	—	—	—	0.8 ㎡
长豆角	一年生缠绕藤本	—	—	—	—	0.8 ㎡
土豆	多年生草本植物	—	—	—	—	0.8 ㎡
红萝卜	一、二年生草本	—	—	—	—	0.8 ㎡
西红柿	一年生草本植物	—	—	—	—	1.6 ㎡
迷迭香	灌木	—	—	—	—	0.8 ㎡
大葱	二年生草本植物	—	—	—	—	0.8 ㎡
草莓	多年生草本植物	—	—	—	—	0.8 ㎡
红辣椒	一年生草本植物	—	—	—	—	0.8 ㎡
油菜	一年生或越年生草本	—	—	—	—	0.8 ㎡
圣女果	一年生草本植物	—	—	—	—	0.8 ㎡
丝瓜	一年生攀援藤本	—	—	—	—	0.8 ㎡

太古汇

项目地点： 中国，广东，广州

景观设计： ARQ-GEO 景观设计事务所

主持设计师： 劳琳达·斯皮尔（Laurinda Spear）

项目经理： 玛格丽塔·布兰科（Margarita Blanco）

项目面积： 450000 平方米

摄影： ARQ-GEO 景观设计事务所、埃姆拉·伊姆兰（Amral Imran）、雷坛坛（Jonathan Leijonhufvud）、文华东方酒店集团

植物配置： 糖胶树（黑板树）、散尾葵、重阳木、凤凰木、细叶榕、荷花玉兰、木犀、红鸡蛋花、细叶棕竹、旅人蕉、小叶榄仁、狐狸尾椰子、龙舌兰、黄心龙舌兰、九重葛（南美紫茉莉）、黄杨、红绒球、基及树（福建茶）、文殊兰、苏铁、金边巨麻、灰莉、非洲菊、鹤蕉类、黄芙蓉、茉莉花、龟背竹、睡莲、南天竹、高大肾蕨、沿阶草、春羽、红哺鸡竹、爆仗竹（吉祥草）、白掌、扇蕉（大鹤望兰）、天堂鸟、葱兰

项目描述

广州太古汇开发项目包含五个部分：一座零售中心、两栋办公楼、一家五星级文华东方酒店以及文化中心。这五大构成部分通过一个户外景观广场连接在一起。景观广场占地 8000 多平方米，由美国 ARQ-GEO 景观设计事务所（ArquitectonicaGEO）打造，是一个大型平台花园，为这里的娱乐休闲活动提供了舒适宜人的环境。

设计策略

设计师通过三维立体的手法追求开放式空间的最大化，将开放式空间设置在不同的高度上。一层，环绕着整个开发区的散步大道两边设有迷你花园、小广场、休闲空间和户外用餐空间等。一层的空间体验通过宏伟的台阶延续到上层，直通购物商场上面的平台花园，依托建筑物打造了"几何式景观"的奇景。夜晚，台阶在蓝色照明的烘托下，仿佛一道瀑布，进一步凸显了整体景观的效果。

平台花园上有绿地、步道以及沿边缘设置的一系列店铺和餐饮间。从平台上，视线可以越过茂盛的景观直达城市天际线，俯瞰周围街区的全景，同时，平台也是开放式空间的一部分。在四层的酒店花园上，顾客可以在绿色空间的环抱下全天候就餐，或享受 SPA 水疗，或在泳池边闲坐。

购物中心的屋顶上安装了若干玻璃天窗，"刺透"绿色屋顶表面，仿佛地灯一般嵌入花园的地面铺装中。起伏的玻璃中庭是一条中轴线，在屋顶花园中绵延而过，进一步凸显了"几何式景观"的效果。阳光能够穿透玻璃板材，让下面的四层零售空间建立起视觉关联，缓和了下方空间的封闭感。玻璃中庭界定了商场的入口，让顾客从商场

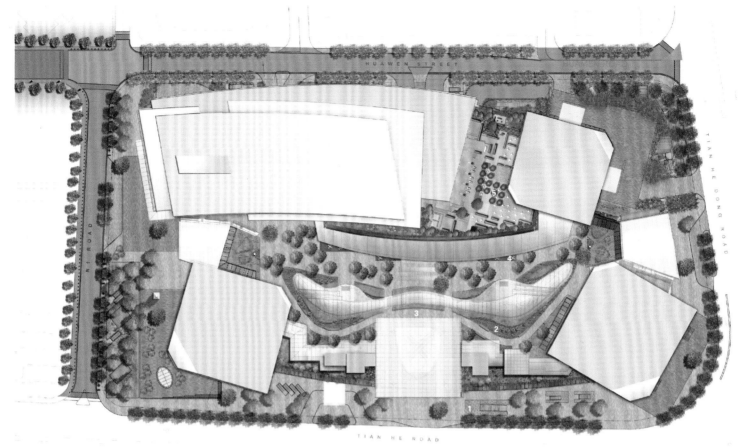

总规划图
用地总规划图，显示地面层植被和街道的改良情况、三层屋顶花园（包括中庭）和四层屋顶花园（包括泳池平台）。
1. 绿化平台
2. 植被
3. 三层屋顶花园
4. 用餐区
5. 四层屋顶花园

内部就能看到附近的户外景观。屋顶花园以及街道标高的景观都能从商场室内各层上看到，也能从附近的建筑物内看到，为周围的城市环境带来美丽的自然风景。

平台上的屋顶花园可以通过东西两侧设置的楼梯和自动扶梯上来，也可以走大堂里的楼梯间或者电梯——后两者同时也是文化中心和商场内部各层之间的连接通道。这样，绿色屋顶花园就与街道标高的景观乃至整个开发区内的其他部分实现了完美融合。

太古汇的精细型绿色屋顶，土壤深度达到约 2 米，能够种植多种大型树木和其他密集种植的本地或引进的植物，并且能够带来比传统的粗放型绿色屋顶更好的环境。大型树木的运用让屋顶具备更好的空气过滤能力和碳存储能力，能够缓和温室气体排放，植物的蒸腾作用和树荫还有助于降低温度。屋顶的绿色植被再加上混凝土铺装（当地材料，具有较高的光反射率），共同对下方的零售商场起到隔热的作用，延长了建筑的寿命，降低了建筑能耗，也减少了建筑对造成"城市热岛效应"起到的作用。绿色屋顶上的花池通过减少不透水地面，能够收集、缓和并处理雨水径流。屋顶铺装上的雨水径流会流向花池，所以花池里的植物只需少量的人工灌溉（如果需要的话），植物的选择和布置充分考虑到了场地条件、气候和设计意图。植物和土壤都来自本地。

一层

一层的广场景观和空间布局营造出宽敞的转角小广场，内部设置了人行交通流线，跟太古汇的各个组成部分相连。突出的线性铺装图案指示出人流在广场上的行动方向，个别位置上看似随意地栽种几棵树木，与地面铺装的图案相得益彰。整体景观规划营造出的环境既安静祥和，又充满活力，风格上既有硬朗又有柔和。

三层

三层有一系列平台花园，进一步凸显了室内空间和室外环境之间的关联，同时，在设计上借鉴了天窗雕塑般的曲线造型。平台上，室内外空间清晰地连接在一起，露台区让人们可以从室内来到户外闲坐。树木看似随意种植，为顾客带来阴凉。材料的选择与一层的景观相呼应，并且"软景观"和"硬景观"元素相搭配，也与"玻璃盒子"式建筑的室内空间相一致。

太古汇文华东方酒店

酒店的入口广场非常宽敞，机动车和人流动线规划得十分清晰。广场的几何结构与建筑的造型相呼应，并采用大量植被，形成一道绿色屏障，保护着入口广场，并将其与周围空间分隔开来。

备注：

土壤的准备、运输与找平

1. 新的植被栽种区原有的土壤（设计师认为不适合使用）、建筑残骸和水泥需要运到一个指定的垃圾处理场，费用由承包商承担。

2. 本案中使用的所有土壤应该是运到工地上的新混合土，铺整与找平工作具体如下。

i. 结构板区域内的花池：全部采用新土铺整并找平（与花池和树坑等高），略微夯实，以便确保土壤层最终不会下陷，以至于低于旁边的坚硬边缘或者低于图纸上指示的某个等高线。

ii. 结构板区域外的花池：土壤铺设高度为 750 毫米，并找平，与灌木区、地表植物区和竹子区地面等高。

iii. 结构板区域外的树坑：土壤铺设面积为 2400×2400 毫米，与外部地面找平。

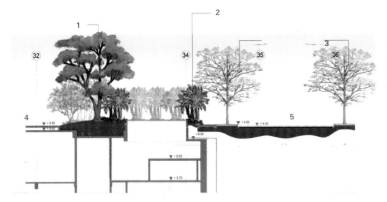

剖面图
1. 标志性树木——凤凰木
2. 茂盛的观赏性植被和土丘
3. 行道树——鸡翅木
4. 酒店广场
5. 华文街

街道状况:
东华文街的美化工程包括: 公路和人行道地面铺装的翻新、街道两边种植双排的鸡翅木、南侧和北侧人行道上安装悬臂式照明灯等。

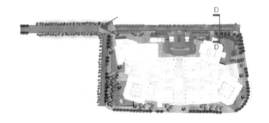

地面层效果图

三层平面图与效果图

3. 在土壤和其他类似材料运输和使用前，承包商需要提供足够的样本，并得到这些材料的使用许可。

4. 运来的风化花岗石必须耐用的，纹理细致，不含任何杂质和其他有毒有害成分，包括化学物质、油类、黏合剂、混凝土、黏土和任何方向上直径超过 25 毫米的碎石。

5. 混合土壤应该包含耐用的、完全风化的花岗石（或火山石）和人造土壤调理剂，按照体积上 3:1 的比例混合而成。混合土壤应该均匀混合，并且不含杂草、黏土、盐、化学污染物和任何有毒有害物质以及任何方向上直径大于 25 毫米的碎石，且需具备以下特征：
i.pH 值介于 5.5 到 7.0；
ii. 有机成分多于 10%；
iii. 含氮量多于 0.2%；
iv. 可提取的含磷量（P）多于每千克 45 毫克；
v. 可提取的含钾量（K）多于每千克 240 毫克；
vi. 可提取的含镁量（Mg）多于每千克 80 毫克；
vii. 土壤成分：
沙（0.05~2.0 毫米）：含量介于 20% 到 75%；
淤泥（0.002~0.05 毫米）：含量介于 5% 到 60%；
黏土（少于 0.002 毫米）：含量介于 5% 到 25%。

6. 人造土壤调理剂应该含有经过适当堆肥过程产生的有机材料，并具备如下特征：
i. 良好的黏稠度，确保自由流动；
ii. 处于稳定的状态；
iii. 不会使经过它处理的土壤温度升高多于 5 摄氏度（与未经处理的土壤温度相比）；
iv. 不含杂质，制作原材料不含病原菌或其他对植物、人类或动物有毒的物质；

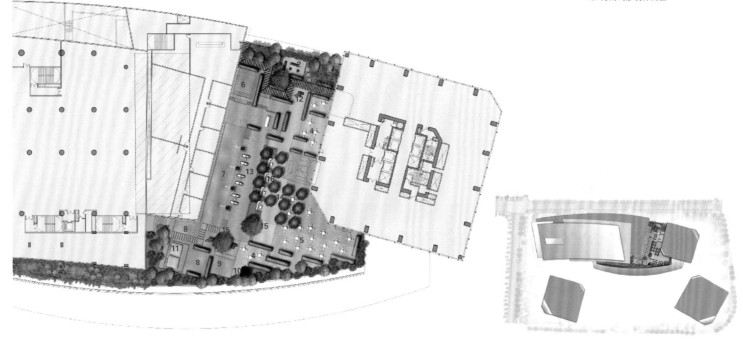

v. 不会散发出有毒的或者令人不快的气味；

vi. pH 值介于 6.5 到 7.5；

vii. 处于饱和状态时，水分含量介于 30% 到 70%（水分重量占总重量的比例）

viii. 有机物含量不少于 85%（干燥状态下）；

ix. 碳氮含量介于 20% 到 30%；

x. 不含杂草、其他杂质或污染物。

7. 证明书：在第一次使用前，每 300 立方米运输到工地的土壤，在提供样本 14 日后，需要提供一份由具备相关资质的实验室出具的土壤调理剂分析化验证明书。每份证明书需说明以下内容：

i. pH 值；

ii. 有机物含量（干燥状态下的重量）；

iii. 有机碳含量（采用"灰化"测试法）；

iv. 含氮量（采用"克耶达"测氮法）；

v. 碳氮比例；

vi. 水分含量（测算方法：用总重量减去干燥状态下的重量，得出损失掉的重量，并计算损失掉的重量占总重量的百分比）；

8. 轻质土壤应包含两份的风化花岗石（如第 4 条所述）、一份的土壤调理剂（如第 6 条所述）和一份的蛭石颗粒或火山石颗粒（颗粒大小为 5~10 毫米）。

9. 所用岩石应为取自当地的火山岩、沉积岩或变质岩，经过打磨，具有天然的灰色，呈现出经过风化褪色的外观，无爆炸或钻孔痕迹，无永久性油漆痕迹。规格最大为 1200 毫米 ×800 毫米 ×600 毫米，最小为 800 毫米 ×600 毫米 ×400 毫米。

10. 植物的种植不应半埋没或者架高，而是应该让土壤没至根茎基部。承包商应该找到最突出的侧根，并将其植入土壤以下。

11. 完工后的土壤平面应该光滑，未夯实，且平整，确保毗邻建筑物的正常排水。

12. 承包商应尽快将残骸和多余材料从工地上运走，并避免所有种植区内产生不利于排水的土壤夯实情况。

植物种植

13. 承包商全权负责植被的养护工作，包括所有种植区（包括灌溉、喷雾、地面覆盖、割草、施肥等），直至项目所有人、项目代表、建筑师和景观设计师对其工作完全满意为止。

14. 所有的植物应该在运输和交付到最终地点的过程中得到妥善保护，包括用遮阳布覆盖或者其他可以接受的方法，确保植物不受风吹和日晒的伤害。

15. 所有的树木必须用牵引索加固。当植物运送到工地上时，不应放倒超过两小时。植物在施工现场应保持垂直位置放置。

16. 植物的种植应该采用细致、专业的方法，并依据专业园艺种植程序来进行，保持植物的良好状态（在植物简要规范书中详细说明的状态）。

17. 在植物运输到施工现场的过程中，如果使用链条、电缆、绳索等物来捆绑，必须采用保护橡胶或织物层来使树木或植物根茎免受伤害。

18. 由于恶劣的运输过程或者不良的栽种技术而导致植物表皮脱落，应视为不合格。

19. 承包商应提交所有植物的图片样本（与"植被设计方案"中列出的植物品种和规格相一致），并需取得项目所有人、项目代表、建筑师和景观设计师全部同意。

20. 种植并灌溉后，应在 24 小时内为所有种植区设置平整、坚固的护根层（厚 50 毫米，有河石护根层的区域除外）。护根层应含有有机成分，如落叶层或树皮，这个有机层的标准规格为 2~20 毫米厚，或经过认可的其他尺寸。

21. 有些地方要铺设经过冲刷的黑色河石，规格为 30~50 毫米，铺设深度为 75 毫米，确保完全覆盖土壤表面。

树木类

糖胶树（黑板树）　　散尾葵　　重阳木　　凤凰木　　细叶榕　　荷花玉兰　　木犀

红鸡蛋花　　细叶棕竹　　旅人蕉　　小叶榄仁　　小叶榄仁　　狐狸尾椰子

灌木、地表植物和竹子

龙舌兰　　黄心龙舌兰　　九重葛（南美紫茉莉）　　黄杨　　红绒球　　基及树（福建茶）　　文殊兰

苏铁　　金边巨麻　　灰莉　　灰莉　　非洲菊　　鹤蕉类　　黄芙蓉

茉莉花　　龟背竹　　睡莲属　　南天竹　　高大肾蕨　　沿阶草　　春羽

红哺鸡竹　　爆仗竹（吉祥草）　　白掌　　扇蕉（大鹤望兰）　　天堂鸟　　葱兰

植被设计方案

植物代号	植物学名	高度（毫米）	宽度（毫米）	茎直径（毫米）
树木类				
AS	糖胶树（黑板树）	7000	3000	200
CHL	散尾葵	3000~4000	5~7 枝	
BJ	重阳木	7000	3000	200
DR	凤凰木	7500	6000	250
FM	细叶榕	7000	4000	200
MAG	荷花玉兰	6000	3000	200
OF	木犀	5000	4000	175（三茎）
PRA	红鸡蛋花	4500	3000	300
RH	细叶棕竹	1200	7 枝	
RAV	旅人蕉	6000	3000	250
TM	小叶榄仁	7000~8000	3000	200
TMV	小叶榄仁	5000	2500	175
WF(1)	狐狸尾椰子	5500	2000	200
WF(2)	狐狸尾椰子	3500	1500	175
灌木、地表植物和竹子				
AA	龙舌兰	750	750	
AAV	黄心龙舌兰	750	750	
BOU	九重葛（南美紫茉莉）	400	400	7
BS	黄杨	300~600	300	7
CH	红绒球	750	400	7
CM	基及树（福建茶）	300	300	12
CA	文殊兰	300	300	12
CYR	苏铁	1000	1000	
FS	金边巨麻	750	750	
FC	灰莉	750	750	2
FC(1)	灰莉	2000	750	
GJ	非洲菊	600	400	7
HP	鹤蕉类	750	400	
HH	黄芙蓉	700	400	7
JS	茉莉花	250	250	18
MD	龟背竹	600	300	23
NN	睡莲属	300	300	
ND	南天竹	600	400	7
NE	高大肾蕨	300	300	12
OJ	沿阶草	100	100	50
PS	春羽	600	300	12
PA	红哺鸡竹	整体 7000	单茎	7
RE	爆仗竹（吉祥草）	300	300	12
SCL	白掌	200	200	18
SN	扇蕉（大鹤望兰）	2000	1000	2
SR	天堂鸟	500	300	12
ZC	葱兰	150	150	50

"见缝插绿"——深交行总部大楼

项目地点： 中国，广东，深圳

景观设计： 三尚国际（香港）有限公司

建筑设计： 美国 SOM 建筑事务所

室内设计： 城市组

项目面积： 约 2000 平方米

摄影： 三尚国际

植物配置： 红花鸡蛋花、垂叶榕、茶花、金边禾叶露兜、西洋杜鹃、胡椒木、黄丽鸟蕉、刚竹

项目描述

景观设计理念：梦想中的那一片草坪。

我们提供不同方向的处理手法来满足委托方的要求，但风格和流线各异。我们希望提供最大程度的绿地花园，让绿地从四面围绕整个花园，一直延伸到建筑的墙面。在场地边缘通过起伏的草地台阶，起伏的种植池，起伏水景的元素无限延伸边缘绿量的手法，突出地板的实用性空间，最大化增加绿植和绿墙的可见性；提供更为活泼的活动舞台空间，类似度假酒店的大堂吧一样的舞台花园，让园路层次更为丰富有趣。

七楼屋顶花园，有 50 厘米的覆土厚度，但这包括重新布置防水、排水的厚度，预计真正种植土的厚度将缩小到 25 厘米左右，这为绿化的种植提出了难题。细细查阅原建筑图纸，图纸中考虑了 1 米覆土荷载的建筑结构；出于保险我们在建筑结构边缘布置高出 500 厘米的种植池，以保证 80 厘米的覆土可供种植庭院乔木，而中央适当抬高 20 厘米以保证灌木种植的覆土要求，最后我们把这些覆土要求提供给建筑设计和工程方复合已确认满足这样的种植覆土要求。六楼报告厅户外花园的覆土则更为严峻，含防水、排水的厚度， 仅有 30 厘米的覆土厚度，于是我们依据屋顶种植模型的原理，保证种植草坪的空间，其余区域按可移动种植池和墙面绿化来延续绿化。

这个项目让我们了解到在场地有限制、覆土有限制的情况下：没有大面积对称水景去渲染复杂艳丽热闹天堂般的花园；没有复杂的软景图案配置，没有堆砌跌落的石景水墙，没有重金砸下重复特色精致对称的小品墙；也可以通过设计的手法以内敛、平静和开放的姿态来营造一个清新、典雅、透气的环境，从而突出项目的质量，感受一种内涵却一点没有发现排他性的场地体验。

该项目对城市贡献在于提供了一个个绿荫覆盖的层层阶梯花园， 享用了每一层立体景观的视觉体验，提升城市区域的形象。最大化增加绿植和绿墙的可见性，最小化建筑冰冷玻璃的可见性。

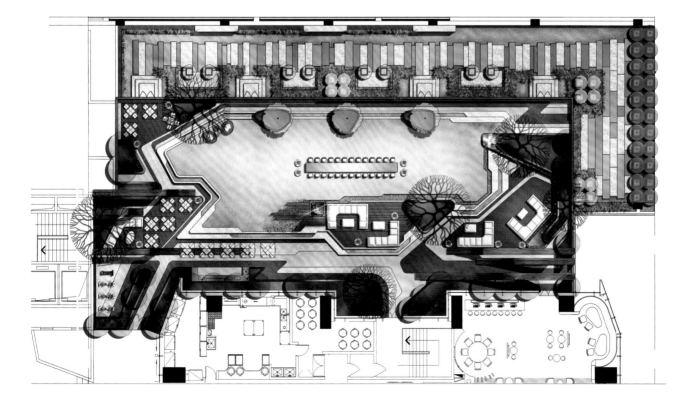

剖面图 B-B

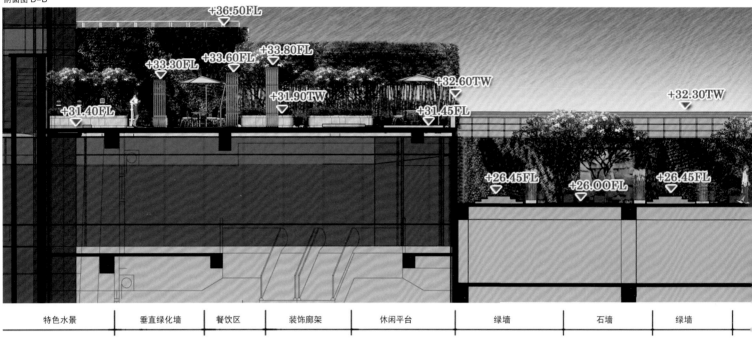

特色水景	垂直绿化墙	餐饮区	装饰廊架	休闲平台	绿墙	石墙	绿墙

透视图

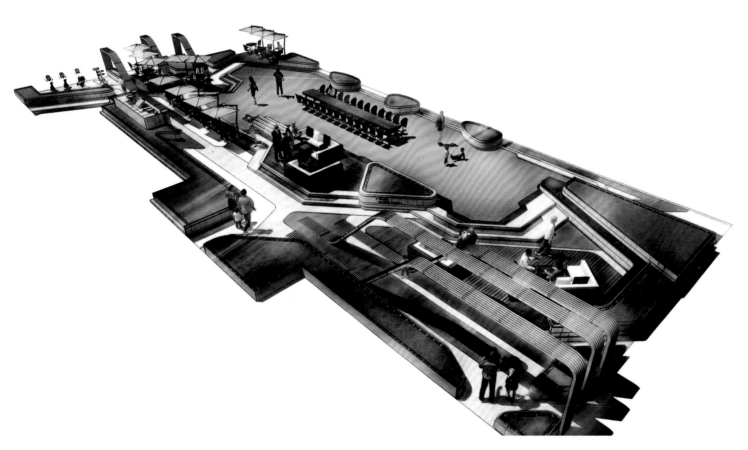

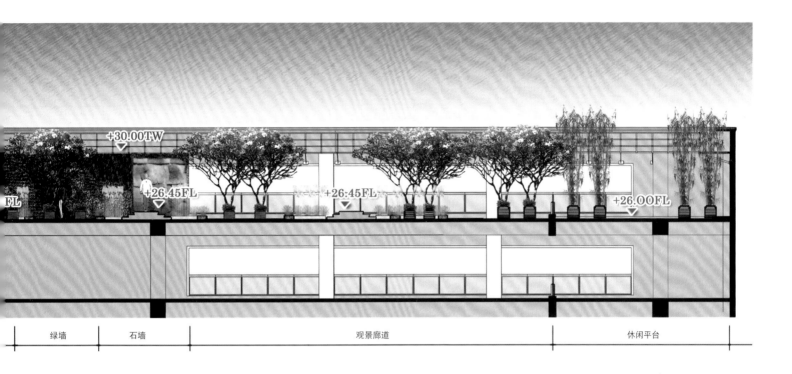

| 绿墙 | 石墙 | 观景廊道 | 休闲平台 |

+30.00TW
FL
+26.45FL
+26.45FL
+26.00FL

茶花

茶花，别名山茶花，是山茶科、山茶属多种植物和园艺品种的通称。花瓣为碗形，分单瓣或重瓣，单瓣茶花多为原始花种，重瓣茶花的花瓣可多达60片。茶花有不同程度的红、紫、白、黄各色花种，甚至还有彩色斑纹茶花，而花枝最高可以达到4米。性喜温暖、湿润的环境。花期较长，从10月份到翌年5月份都有开放，盛花期通常在1~3月份。

垂叶榕

垂叶榕，是桑科榕属的常绿乔木。瘦果卵状肾形，短于花柱。其高可达4米，胸径30~60厘米，树冠广阔；树皮呈灰色，平滑；小枝下垂；叶薄革质，卵形至卵状椭圆形；瘦果卵状肾形，短于花柱，花期8~11月；分布于云南、广东、海南等地，生于海拔500~800米湿润的杂木林中。

刚竹

刚竹属，别名桂竹，金竹，是禾本科竹亚科下的一个属。禾本科乔木状竹种。刚竹抗性强，适应酸性土至中性土，但pH8.5左右的碱性土及含盐0.1%的轻盐土亦能生长，但忌排水不良。能耐-18℃的低温。主要分布在我国长江流域。生于低山坡。竹材强韧。

红花鸡蛋花

红花鸡蛋花，别名缅栀子、蛋黄花、大季花、印度素馨，落叶小乔木。属被子植物门，小枝肥厚；叶互生，多簇生于枝条上部，阔披针形或长椭圆形。聚伞花序顶生，花冠漏斗状，裂片5枚，回旋覆瓦状排列，粉红色，具芳香。花期5~11月。鸡蛋花树姿优美，花期长，是热带、亚热带地区园林绿化、庭院布置的佳品。

胡椒木

胡椒木，奇数羽状复叶，叶基有短刺2枚，叶轴有狭翼，小叶对生，倒卵形，革质，叶面浓绿富光泽，全叶密生腺体；雌雄异株，雄花黄色，雌花橙红色，果实椭圆形，红褐色。

黄丽鸟蕉

黄丽鸟蕉，别名鹦黄赫蕉、小天堂鸟蕉、小天堂鸟花、黄鸟蕉。科属：蝎尾蕉科（Strelitziaceae），蝎尾蕉属（Heliconia）。喜温暖、湿润的环境，适宜在南方湿热地区或大型温室内栽培，生长适温22℃~25℃，15℃以上开始正常生长，高于35℃时生长受抑制；越冬温度大多数种类不低于10℃。

金边禾叶露兜

金边禾叶露兜，叶带形，革质，紧密螺旋状着生，叶边缘黄色。花单性异株；雄花排成穗状花絮，无花被；雌花排成紧密的椭圆花序。聚合果椭圆形，有若干个小核果组成。喜光，稍耐阴；喜高温、多湿气候，不耐寒；不耐干旱。喜多肥，对土质选择不严，但以富含腐殖质、湿润之壤土生长最佳。

西洋杜鹃

西洋杜鹃，属杜鹃花目、杜鹃花科常绿灌木，最早在荷兰、比利时育成，是中国杜鹃与欧洲杜鹃经过反复杂交选育而成的，其中以春鹃为多。因最初在比利时繁殖推广最多，故又名"比利时杜鹃"，杜鹃花株形矮壮，花形、花色变化大，色彩丰富，是世界盆栽花卉生产的主要种类之一。

南京银城广场辅楼屋顶花园

项目地点：中国，江苏，南京
设计及施工单位：南京万荣园林实业有限公司
项目面积：1310 平方米
摄影：绿空间立体绿化团队
植物配置：紫堇、德国鸢尾、银叶菊、石蒜、红花酢浆草、美国薄荷（籽播）、大花萱草、玉簪、细叶麦冬、美女樱、早樱、春梅、紫荆、垂丝海棠、紫薇、合欢、木槿、桂花、枇杷、结香、腊梅、榉树、银杏、红枫、鸡爪槭、金边黄杨球、日本五针松、栀子花球、紫竹、罗汉松球、大吴风草、花叶玉簪、花叶络石、鸢尾、银叶菊、龟甲冬青球、瓜子黄杨球、茶梅、毛鹃、红花继木、金叶苔草、变色女贞球、小叶枸骨球、花叶蔓长春、美女樱

项目描述

银城广场辅楼屋顶花园位于江苏省南京市江东北路 287 号，是一个即有屋面的立体绿化改造示范项目，包括 1310 平方米的景观型屋面和 24 平方米的室外智能墙体两部分，集立体绿化技术展示、果蔬种植和休闲健身功能于一体。

围绕"放眼看世界"的主题，设计师采用硬质石板铺装做出眼睛造型的道路，道路两边采用细石子铺装，不仅美化了路沿也便于排水。种植植物选择乔木、灌木和地被植物相结合，营造出高低搭配、错落有致的景观效果。

屋顶花园的设计在满足行走观赏功能的同时，还设计了很多休闲的地方，可以适当地停留观赏、相互交流或者运动等，良好的景观可以帮助人们消除疲劳、缓解紧张情绪、调节心理压力。而健身区域的设计，同样是作为休闲设计的一种补充，以期达到增进健康、促进交流的目的，从而也满足了多元人群的使用需求。

利用屋顶现有的墙体，打破做成整面绿墙的传统做法，而是将它设计成木格栅与绿墙相结合的方式，并在墙体之间设计了玻璃顶的廊架，不仅丰富了景观的立面空间，也提供了休憩的空间，并运用交错、渗透、联系的空间布局手法，使各绿化景观空间得以延伸，形成植物的多维空间。考虑到光照和后期养护的问题，墙上以绿色植物为主，使人们在健身的同时，也能置身在一片春意盎然之中。

太阳能、电箱等采用木格栅进行遮挡，不仅起到了遮挡的效果也和整体景观相一致。屋顶共有 3 个设备区域需要用木格栅进行装饰。第一个是太阳能区域，该区域木格栅高度在 1.5 米左右，并预留了出入口，方便日后检修使用；第二个是空调机位区域的艺术格栅，该区域的格栅因为不能种植攀爬植物，所以是以装饰为主的；第三个是通风井区域的格栅，该格栅高度在 1.8 米左右，格栅需要远离通风井，上面种爬藤植物。

此外，还设计了屋顶菜园，人们通过和泥土、肥料、种子、园艺工具打交道，既锻炼了身体，又消除了上班带来的疲乏和烦恼。

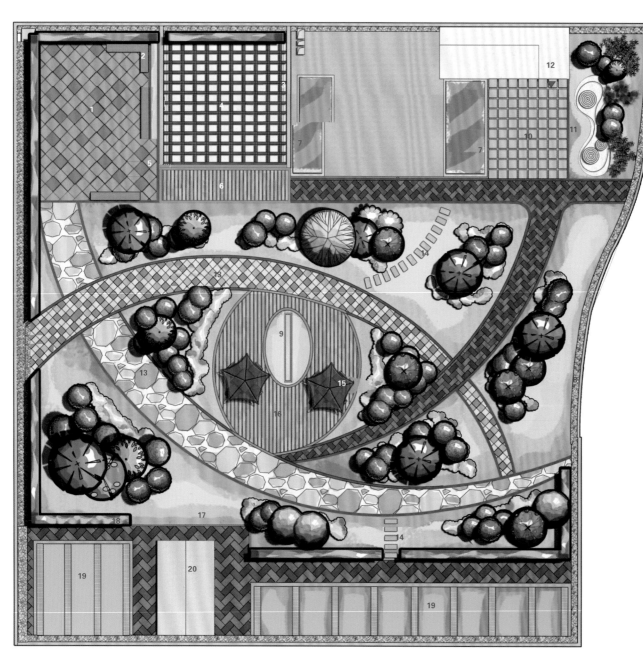

总平面图
1. 塑胶铺装
2. 坐凳
3. 绿墙
4. 廊架
5. 攀爬植物
6. 木平台
7. 技术展示区
8. 卵石排水沟
9. 木格栅
10. 嵌草铺装
11. 枯山水
12. 入口
13. 园路
14. 汀步
15. 休闲座椅
16. 塑木铺装
17. 艺术格栅
18. 法青绿篱
19. 屋顶菜园
20. 空调机位

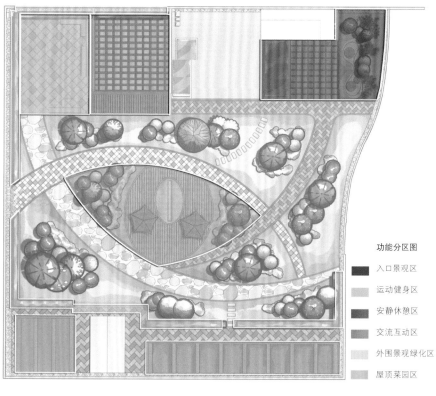

功能分区图

- ■ 入口景观区
- 运动健身区
- ■ 安静休憩区
- 交流互动区
- 外围景观绿化区
- 屋顶菜园区

地被植物

紫堇

紫堇，罂粟科，紫堇属一年生灰绿色草本植物，高可达50厘米，茎分枝，叶片近三角形，上面绿色，下面苍白色，羽状全裂，裂片狭卵圆形，顶端钝，茎生叶与基生叶同形。总状花序，有花。花粉红色至紫红色，平展。3~4月开花，4~5月结果。

银叶菊

银叶菊，别名雪叶菊、白绒毛矢车菊。菊科千里光属的多年生草本植物。植株多分枝，高度一般在50~80厘米，叶一至二回羽状分裂，正反面均被银白色柔毛。其银白色的叶片远看像一片白云，与其他色彩的纯色花卉配置栽植，效果极佳，是重要的花坛观叶植物。较耐寒、耐旱，喜阳光充足的环境。

红花酢浆草

红花酢浆草，别名大酸味草、紫花酢浆草等，是一种多年生草本植物。无地上茎，地下部分有球状鳞茎，外层具褐色膜质；叶基生，被毛；小叶3，扁圆状倒心形；托叶长圆形，顶部狭尖，与叶柄基部合生；二歧聚伞花序，花瓣淡紫色至紫红色。红花酢浆草具有花色艳，花期长，生长迅速等特点。

大花萱草

大花萱草，别名大苞萱草，百合科、萱草属多年生草本植物。肉质根茎较短。叶基生，二列状，叶片线形。花茎高出叶片，上方有分枝，小花2~4朵，有芳香，花大，具短梗和大型三角状苞片。花冠漏斗状或钟状，裂片外弯。花期7~8月。

细叶麦冬

细叶麦冬，百合科，山麦冬属的一种地生植物。多年生常绿草本。叶线形，丛生，长10~30cm，宽0.4cm左右，主脉不隆起。花葶有棱，低于叶丛，稍弯垂；总状花序较短，着花约10朵，淡紫色或白色。浆果球形，蓝黑色。喜半阴、湿润而通风良好的环境，耐寒性强。

德国鸢尾

德国鸢尾，多年生草本。根状茎粗壮而肥厚，常分枝，扁圆形，斜伸，具环纹，黄褐色；须根肉质，黄白色。叶直立或略弯曲，淡绿色、灰绿色或深绿色，常具白粉，剑形。花茎光滑，黄绿色，高60~100厘米，上部有1~3个侧枝，中、下部有1~3枚茎生叶；花期4~5月，果期6~8月。

石蒜

石蒜，鳞茎近球形，直径1~3厘米。秋季出叶，叶狭带状，长约15厘米，宽约0.5厘米，顶端钝，深绿色，中间有粉绿色带。花茎高约30厘米；总苞片2枚，披针形；伞形花序有花4~7朵，花鲜红色；花被裂片狭倒披针形，强度皱缩和反卷；花期8~9月，果期10月。

美国薄荷

美国薄荷，也叫马薄荷，属多年生草本植物，株高100~120厘米，茎直立，四棱形，叶质薄，对生，卵形或卵状披针形，背面有柔毛，缘有锯齿。花朵密集于茎顶，萼细长，花冠长5厘米，花簇生于茎顶，花冠管状，淡紫红色，叶芳香。轮伞花序密集多花，花筒上部稍膨大，裂片略成二唇形。花期6~9月。

玉簪

玉簪，别名白萼、白鹤仙。为百合科多年生宿根草本花卉。顶生总状花序，着花9~15朵，花白色，筒状漏斗形，有芳香，花期7~9月。因其花苞质地娇莹如玉，状似头簪而得名。碧叶莹润，清秀挺拔，花色如玉，幽香四溢。

美女樱

美女樱，马鞭草属多年生草本植物，适宜生长温度5~25℃。开花部分呈伞房状，花色有白、红、蓝、雪青、粉红等，花期为5~11月。喜阳光，不耐阴，较耐寒，不耐旱，在炎热夏季能正常开花。在阳光充足、疏松肥沃的土壤中生长，花开繁茂。

上层植物

早樱

春梅

紫荆

垂丝海棠

紫薇

合欢

木槿

桂花

枇杷

结香

腊梅

榉树

银杏

红枫

鸡爪槭

下层植物

金边黄杨球

日本五针松

栀子花球

紫竹

罗汉松球

大吴风草

花叶玉簪

花叶络石

鸢尾

银叶菊

龟甲冬青球

瓜子黄杨球

茶梅

毛鹃

红花继木

金叶苔草

变色女贞球

小叶枸骨球

花叶蔓长春

美女樱

旺角空中花园俱乐部

项目地点: 中国,香港,旺角

委托客户: 香港新世界发展有限公司

设计单位: concrete 设计公司(设计团队: Rob Wagemans, Maarten de Geus, Tom Ruijken, Sofie Ruytenberg, Julia Hundermark, Wouter Slot, Yoekie de Bree)

建筑设计: P&T 建筑工程公司(P&T architects & engineers Ltd.)

景观设计: ALN 景观事务所(Adrian L. Norman Ltd.)

结构工程: 黄志明建筑工程师有限公司(CM Wong & Associates Ltd.)

照明设计: Pro-lit 照明设计公司

景观施工:

除绿墙外所有"软景观": 亚洲景观有限公司(Asia Landscaping Ltd.)

绿墙: 美岛绿国际有限公司(Midori Creation International Ltd.)

居住区公共空间: 美国 Construction 工程公司

项目面积: 俱乐部 916 平方米 + 空中花园 687 平方米

摄影: concrete 设计公司

植物配置: 长穗木、针茅、硬骨凌霄、水竹芋、巴西野牡丹、斑叶络石、葱莲、韭兰、薜荔、爬墙虎、辣椒、香茅、薄荷、迷迭香、百里香、羊蹄甲藤、绿萝、云南黄馨、忍冬藤、蔓绿绒

项目描述

concrete 设计公司打造了位于香港旺角区中心地带的空中花园俱乐部（Clubhouse Mongkok Skypark），设计打破了惯常思考的常规，引人瞩目。

空中花园是由香港新世界发展有限公司开发的大型居住项目。项目位于繁华的香港旺角，为喜欢热闹的年轻人提供了一个充满活力的居住环境。户外俱乐部位于空中花园顶楼。由 concrete 设计公司设计，颇受居民欢迎，成为逃离都市生活的理想之地。

concrete 设计公司为大厦所有公共环境设计了内装，包括街道入口、迎宾层和顶层。设计灵感来源于旺角拥挤狭窄的街道，空间受限，行人摩肩接踵。设计师将大厦打造成逃离混乱，与人交往的舒适环境。通过打破常规的做法，将俱乐部打造成开放的、可变化的公共空间，也给这种紧凑的国际化的居住建筑设计带来新的启发。

通过与 P&T 建筑工程公司和 ALN 景观事务所两家公司的合作，concrete 在"连通空间的空间"中创造了一种和谐的方式，使得室内设计和景观设计融合在了一起。俱乐部包括不同的功能区域，厨房、阅览室、酒吧和健身房、游泳池以及艺廊等相互连通。大型户外平台将俱乐部与屋顶花园景观连接，形成户外烧烤平台。连通花园与大厅的楼梯间成为周五晚上的露天电影院，你也可以在这里享受绝美星空或亲吻你的爱人。

建筑设计

楼层平面采用开放的布局，以四个方形空间囊括所有必要的功能区，如楼梯间、电梯、结构、管道、洗手间、储藏间、酒吧以及厨房设备等。空间表面以石灰华（凝灰石）覆盖，从天花板延伸到观景平台。各功能区之间的空间沿对角线布置，用于多种功能。设计始终将内部空间保持开放、透明，通过设置玻璃隔板和滑动门来分割区域，呈现出意外的效果，让人可以在其中的任何一个角落感受到这座繁华都市的壮丽景观。

屋顶绿化配置图

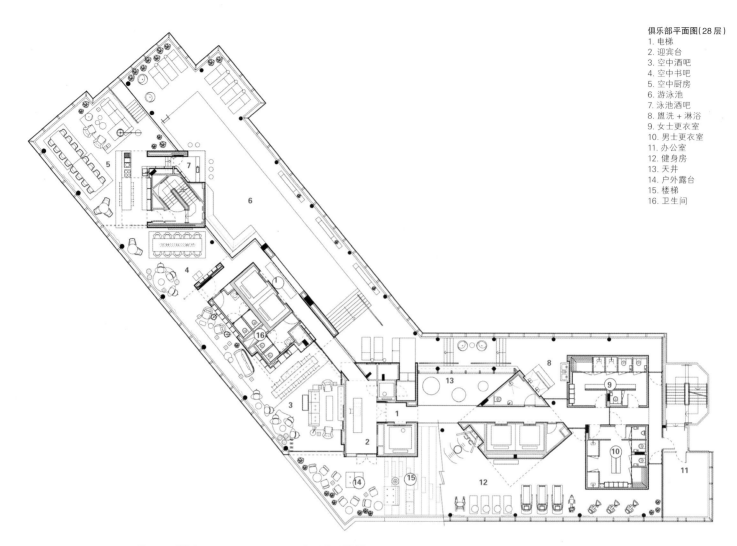

俱乐部平面图(28层)
1. 电梯
2. 迎宾台
3. 空中酒吧
4. 空中书吧
5. 空中厨房
6. 游泳池
7. 泳池酒吧
8. 盥洗 + 淋浴
9. 女士更衣室
10. 男士更衣室
11. 办公室
12. 健身房
13. 天井
14. 户外露台
15. 楼梯
16. 卫生间

植被设计方案

植物代号	植物学名	高度（毫米）	宽度（毫米）	茎直径（毫米）
树木类				
SJ	蒲桃	4000	3500	1800
EH	水石榕	4000	3500	1800
OF	桂花	4000	3500	2000
DDA	人面子	4000	3500	2000
FBS	花叶榕	3000	2500	1600
TMT	锦叶榄仁	4000	3500	2000

植物代号	植物学名	高 x 宽（毫米）	茎直径（毫米）	数量
灌木、地表植物				
Aa	非洲百子莲	700 x 600	500	86
Aga	百子莲	750 x 600	500	26
Aod	米仔兰	500 x 500	400	9
Aab	苦艾	1500 x 600	500	32
Ae	一叶兰	400x200	200	296
Ago	金边石菖蒲	500 x 500	400	24
An	鸟巢蕨	300 x 300	200	101
Ao	海芋	1000 x 600	500	121
Azv	花叶艳山姜	750 x 500	400	262
Ac	连生桂子花	500 x 300	200	47
Bac	假杜鹃	500 x 500	400	17
Bc	射干	400 x 300	300	61
Bs	黄杨	600 x 400	400	13
Ci	箭羽竹芋	500x 400	300	354
Ca	有翅决明	900 x 700	600	14
Cj	山茶	700 x 600	600	8
Cs	茶树	1500 x 600	600	31
Cg	大美人蕉	900 x 500	400	82
Ce	袖珍椰子	1500 x 750	700	33
Cc	香茅	750 x 600	500	38
Ch	朱缨花	750 X 400	500	5
Cp	金凤花	900 x 700	600	9
Cz	香根草	1500 x 600	500	31
Csp	蒲苇	1500 x 600	400	56
Cu	蓝蝶花	1500 x 600	600	14
Ddw	白边铁	1500 x 600	600	121
Di	双色野鸢尾	500 x 200	200	105
Dg	乌叶鸢尾	500 x 300	300	8
Dev	银边山菅兰	400 x 300	200	120
Dp	花叶万年青	500 x 500	400	25
De	孔雀木	700 x 600	500	19
Dr	假连翘	400 x 400	300	19
Drg	金叶假连翘	400 x 400	300	20
Enu	蓝星花	250 x 250	150	707
Fc	灰莉	1800 X 750	700	247

三亚半山半岛洲际度假酒店

项目地点： 中国，海南，三亚
设计单位： WOHA 建筑事务所
景观设计： 西可达景观设计公司
泳池与水景设计： 景观水景技术开发公司（Watertech & Landscape Development Co.）
项目面积： 129,117 平方米
摄影： WOHA 建筑事务所

项目描述

三亚半山半岛洲际度假酒店位于中国热带岛屿——海南三亚。酒店拥有 350 间客房及其附属设施，从一条繁华的商业主干道一直延伸到岩石林立的大森林。

三分之一的客房位于一个十层高的弯曲线性楼体之中，弯曲部分形成了入口空间。所有的房间都能观赏海景，可从自然通风的开放走廊进入，站在走廊里就能尽情领略周围山脉的美景。临街的房间有观景浴室和内置坐卧两用沙发的大阳台。这些房间靠近休息室与功能设施，因此既能度假，又能处理公务。三分之二的客房布置在巨大的水景庭院，这里更有旅游胜地的感觉。这些客房都创新地结合了独立式别墅与客房的形式。每间客房都拥有一间私有的露天花园浴室和一间可经由小桥或花园到达的独立小屋。小屋位于巨大的水景花园内，每个花园占地一公顷。

设计结合了整体规划、景观设计、建筑设计和室内设计，从而创造了一系列观景视野和远处的海景，由椰子树组成的景色倒映在水中，而后再次由石材、木头与织物围成一幅美景，确保每间客房都能拥有独特的景致。各种公共区域的设计风格各异，有正统的城市风格，也有休闲的沙滩风格，使酒店能够满足不同客户的需求。

整个度假酒店的设计如同各式各样人居花园的混合体。从空中花园和高空建筑中的繁花似锦，到客房内的巨大水景花园；从客房通道边围墙环绕的庭院，到 SPA 水疗区的兰花园，每个空间都融入到了风格与氛围迥异的户外空间之中。这一设计方法最能淋漓尽致地展现三亚的热带气候。甚至连屋顶也布置成了花园，所以从周围的高层建筑俯视过来，酒店就如同一件庞大的园林设计作品，为海景的构筑提供了一个绝佳的前景。屋顶和花园的几何造型设计灵感来源于三亚的稻田。椰子树也构成了一幅幅海景。设计灵感来源于中式屏风、宫殿以及四合院，并以当代方式进行了全新的解读。巨大的预制混凝土屏风采用了一种无规则的数学原理铺砖方式。

从风格上来看，三亚半山半岛洲际度假酒店现代化十足，生机勃勃。建筑与室内设计充分利用了中国的传统工艺、材料与技术，共同营造了一个连续而完整的当代亚洲风格环境。

酒店设计符合可持续原则。被动式节能设计（包括大型悬挑结构、自然采光、空气对流、带遮阳篷的庭院和屋顶绿化等）、当地的季节性景观利用以及对水资源的保护和循环利用，都是建筑师所采用的部分设计策略。

全新的整体设计方法结合花园表现形式与城市类型，将这家大型酒店转换为一种新类型，从而创建了一种极其成功的划分私人与公共活动区域的分层法。

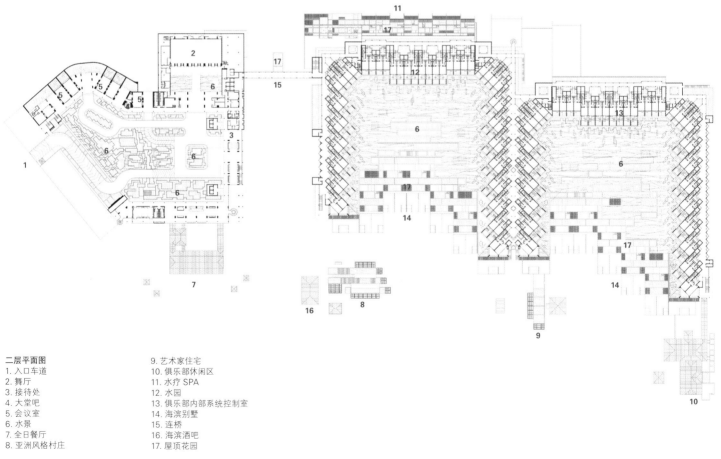

二层平面图
1. 入口车道
2. 舞厅
3. 接待处
4. 大堂吧
5. 会议室
6. 水景
7. 全日餐厅
8. 亚洲风格村庄
9. 艺术家住宅
10. 俱乐部休闲区
11. 水疗 SPA
12. 水园
13. 俱乐部内部系统控制室
14. 海滨别墅
15. 连桥
16. 海滨酒吧
17. 屋顶花园

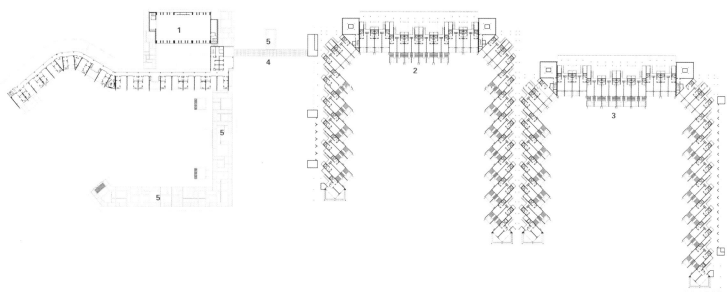

三层平面图
1. 舞厅
2. 水园
3. 俱乐部内部系统控制室
4. 连桥
5. 屋顶花园

0 10 20 30 40 50   100 M

U 城天街屋顶花园

项目地点：中国，重庆
景观设计：重庆纬图景观设计有限公司
主持景观设计师：李卉、田乐、李彦萨
项目面积：7475 平方米
摄影：何震环

项目描述

屋顶花园以"七彩"为主题。设计包含老年人、年轻人和儿童三类人群的活动区域，同时采用一条 300 米长的线性七彩跑道将整个屋顶花园的各个区域联系起来。植物和石材花池以及彩色塑胶在线性的形式下发生碰撞，增强了花园的立体感受，又为人们提供了有趣的路径。人们在景观中，或在高楼上俯瞰花园，都能领略花园活跃而不失内涵的魅力。

公寓入口前场与相邻活动空间紧密连接，成为一个缓冲过渡休闲区，同时该区域设有草坪、座椅、康体器械，以吸引住在这里的老年人到这里来，此外女儿墙和竹子、绿篱结合，以减少城市噪声。

成人活动场地中休憩空间与羽毛球、乒乓球场地一并设置，给在这里的年轻人以最佳的运动体验。彩色的塑胶材料不仅提供了舒适的基底，同时也给人以年轻活力的氛围。

 入口休闲空间
体育活动空间
趣味休闲空间

 高层出入口
电梯出入口

主要流线
次要流线

给孩子们的平台是一个亲密的，可以安全玩耍的友好空间。竹子营造的垂直绿化遮蔽附近住宅视线。这里的常绿多年生植物让空间充满活力。同时植物的围合让孩子们可以安全的在地面上活动。在这个区域对幼儿和大龄儿童进行空间划分。不同年龄段儿童的感知神经活动所需的物理条件有所不同，所以玩耍的设施是有针对性差异化的。针对这些差异在幼儿区设置了可供瞄准的元素、有图案的道路、小滑梯、摇摇椅等多种玩耍设施，同时也设置了大人的看护座椅、婴儿尿布台、洗手池、婴儿推车停靠点等人性化设施。大龄儿童区设置了秋千、索道、赛道、跑道、投篮区、沙池等游乐设施，同样也设置了大人看护座椅，在这个区域设置的是易于进入这些区域的清晰通道，以应对大龄儿童快速和无预兆的情绪转换。

直线的设计为人们提供多功能的开放空间。人们可在这里休闲、散步抑或是跑步。这个拥有强烈性格的花园，内部的各处都是丰富有趣的。

这条七彩跑道贯穿着整个屋顶花园，就像生活的指引，积极而美好，迎着沿途的风景，追逐梦想。春花、秋月、夏日、冬雪，风景在不断地变化着，就像跑步一样，让人变得更好。

平面图

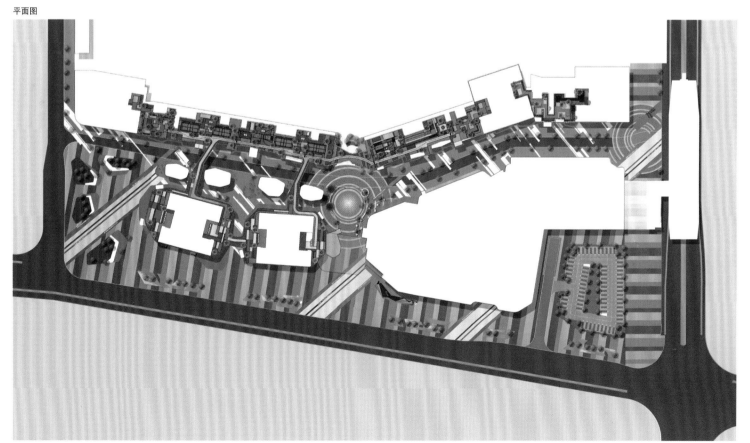

深圳证券交易所屋顶花园

项目地点：中国，广东，深圳

景观设计：内外工作室（Inside Outside Studio）

建筑设计：OMA 建筑事务所（鹿特丹、北京、香港分部）

工程设计：深圳市建筑设计研究总院有限公司（SAID）

当地景观设计单位：深圳新西林景观国际（SED）

照明设计：英国奥雅纳工程顾问公司（ARUP）

绿墙设计：香港 VERTE 绿化设计

项目面积：

表面总面积：4.5 公顷

公共绿地：7210 平方米

热带绿墙：近 1400 平方米

原生绿墙：416 平方米

4 座空中花园 + 69 根绿柱

裙楼屋顶花园（高于地面 60 米）：11655 平方米

摄影：内外工作室

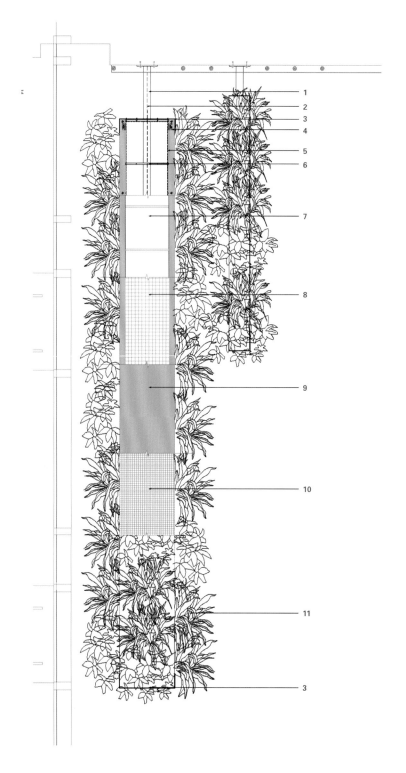

空中花园悬吊花柱大样图
1. 不锈钢承重结构
2. 供水管
3. 5mm 厚不锈钢罩
4. 湿度感应器
5. 灌溉管
6. 不锈钢结构支撑圆环
7. 不锈钢结构
8. 不锈钢结构，用于固定
9. 化学塑胶泡沫种植棉
10. UV 固定结构网
11. 植物

项目描述

设计范围：本案包括深圳证券交易所公共广场、屋顶花园以及室内花园的景观设计。

深圳证券交易所的景观设计包括四种类型的花园，代表并突出了这座新楼的建筑风格和文化特色。建筑北侧的花园空间宽敞，此外，建筑周围还有一系列庭院、屋顶花园和空中花园，成为建筑物的天然隔热屏障，对室内室外空间起到降温的作用，为楼内员工提供了更为舒适的工作环境。

自 16 世纪中西方文化交流以及 17 世纪中国古典文学翻译成欧洲语言以来，儒学给西方哲学带来了极大的启发。这种交流在中式与欧式风格相结合的园林中也有所体现，欧洲的几何学与中国园林的不对称美学得到了结合。圆形和小径——直线或蜿蜒——在中国和西欧园林中都是重要的组成部分。

设计将证券交易所的建筑及其花园看作是融合文化和年龄的地方，并将这种融合以现代方式呈现出来。通过建筑与花园、内部与外部、公共与私人、信息与艺术、美学与功能两两交织，设计理念旨在融合过去、现在与未来。

东、西广场和北侧花园环绕着占地 4.5 公顷的建筑。广场铺设花岗岩，一直延伸到大楼的入口大厅和中庭，穿过热带绿墙，环绕整个裙楼。

北侧花园是一块长方形的绿地，由起伏的草坪组成，其中包含六个圆形花池，里面有矿物、果蔬和水生植物。

裙楼上方的屋顶花园呈现出一种基于中世纪欧洲设计的挂毯图案，同时借鉴了传统的中国剪纸，提供了多种多样的空间、氛围和功能。

建筑内部有各种室内景观和垂直绿墙，遍布建筑各处。

首层广场

首层广场和花园的总体设计受到英式和中式园林风格的影响。一楼的每个广场都有一个独特的黑白灰图案设计。东侧广场上是深色对角线图案，西侧广场是反向对角线。沿西侧建筑立面布置的一系列小型绿地体现了相同的方向和节奏。这种模式延续到中庭和大堂内，以一种更简单的方式，让光线和黑色花岗岩形成一个棋盘图案。

花岗岩用的是当地石材，很适合在深圳证券交易所广场使用。广场使用频率大、人流多、季节性湿度大，天然石材最适合这种大型的公共环境。与近乎虚无的白色建筑物相比，花岗岩代表了一种稳定性的元素，沉稳地连接起所有区域。

空中花园横剖面 DD

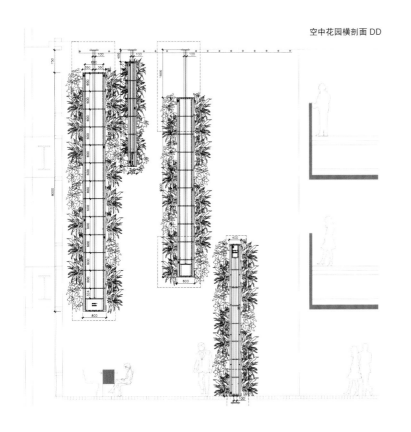

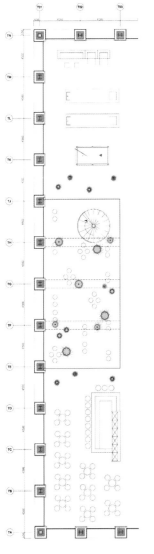

45 层空中花园
33 层空中花园
22 层空中花园
11 层空中花园

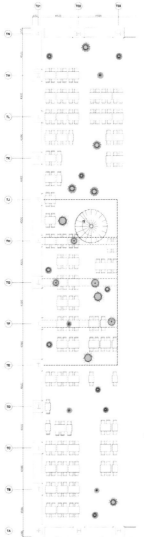

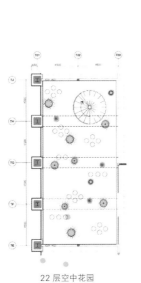

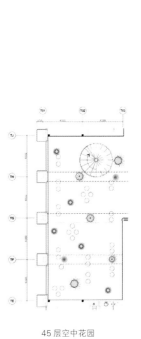

11 层空中花园　　　　　　　22 层空中花园　　　　　　33 层空中花园　　　　　　45 层空中花园

热带花园

一系列的双面水培绿墙和大门，高达 4.8 米，总长度近 200 米，形成一条开放的走廊，环绕着建筑，形成一座热带花园。凤梨、蕨类植物和兰花在营养壁上茂盛生长，形成了丰富多彩、生机勃勃的氛围。植物都是以垂直的方式从上到下排列，形成一幅抽象的植物画。绿墙的总面积达到近 1400 平方米。

北侧花园

北侧花园由圆形的花池组成，花池种植水生植被，嵌在一个连续、起伏的阶梯式平面上。

嵌在长方形中的圆形，象征着宇宙的和谐。几个圆形花园跳脱出矩形的场地之外，将用地进行了扩展。六个圆形花池中的三个完全由树木填满，与开阔的草坪形成对比。每个花池都有特定的地面覆盖植物和特色树种。

草坪阶梯地面的等高线在夜间照明，突出了花园的阶梯式地形。每片台地上都有不同的植物组合，观赏性草坪混合着不同季节开花的多年生植物、鳞茎植物和草本植物。依照这种地形，两条弧形的小路穿过阶梯草坪，连接六个花池，引导游客来到建筑的各个入口。

北侧花园冷气室

北侧花园的七间冷气室共同创造了一面几乎连续的绿墙。设计师通过种植 6.2 米高的天然森林植物，将这些建筑平凡的背面改造成具有吸引力的正面景观。常绿植物创造了郁郁葱葱的垂直景观，使之成为一面真正的"活的绿墙"，将公共步道与建筑的北立面结合在一起。七个绿屏，每个 9.6 米长，加起来总共有 416 平方米的绿色表面。

裙楼花园

裙楼花园是一个巨大的悬空屋顶，高出地面 60 米，设计师在这里为深圳证券交易所的广大员工创造了一个休闲空间。这个平台花园的花式马赛克式平面布局是基于欧洲中世纪的一种图案。同时，这种图案也可以视为对中国剪纸艺术的一种诠释。这是景观设计理念中"文化融合"的一种体现。

裙楼花园可以视为一条"绿毯"，尺寸为 161 米 × 97 米，以修整过的灌木和地面覆盖植物填充而成，形成不同高度的小块绿地，或者叫作柔软的小块绿毯。为了实现空间效果的变化，设计师采用五种不同的种植方式：高灌木、低灌木、多年生植物、观赏性禾本植物和草坪。

每一种植物都有自己的作用：高灌木（高 2 米）保护屋顶不受强风和阳光的影响，低灌木（高 1 米）界定出不同的空间区域。花花草草带来更多色彩、动感和光影变化。多年生植物随季节变化颜色和气味。草坪能缓和声音效果，同时给屋顶花园带来柔软的感觉。

这五种成分组合在一起，形成了绿毯的表面构成，其高度和厚度（决定了视觉效果的透明和不透明）不同，结构和颜色不同，季节性视觉效果也不同（常绿、季节性、开花、结果或结种）。这种结构以功能的方式组织既定空间，满足不同的使用需求，包括会议、散步、眺望、放松、闲坐和慢跑等。

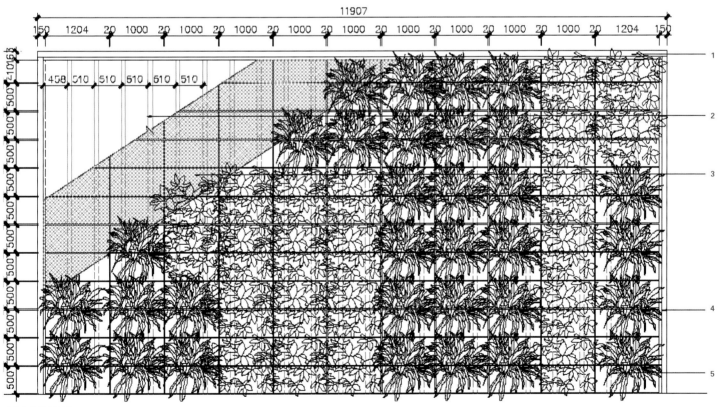

冷却室南侧立面图 DD
1.100×100 通长暗灰色不锈钢方通
2.50×23×1.6 通长暗灰色不锈钢方通
3. 固定网格
4.100×200 通长暗灰色不锈钢方通
5. 植物

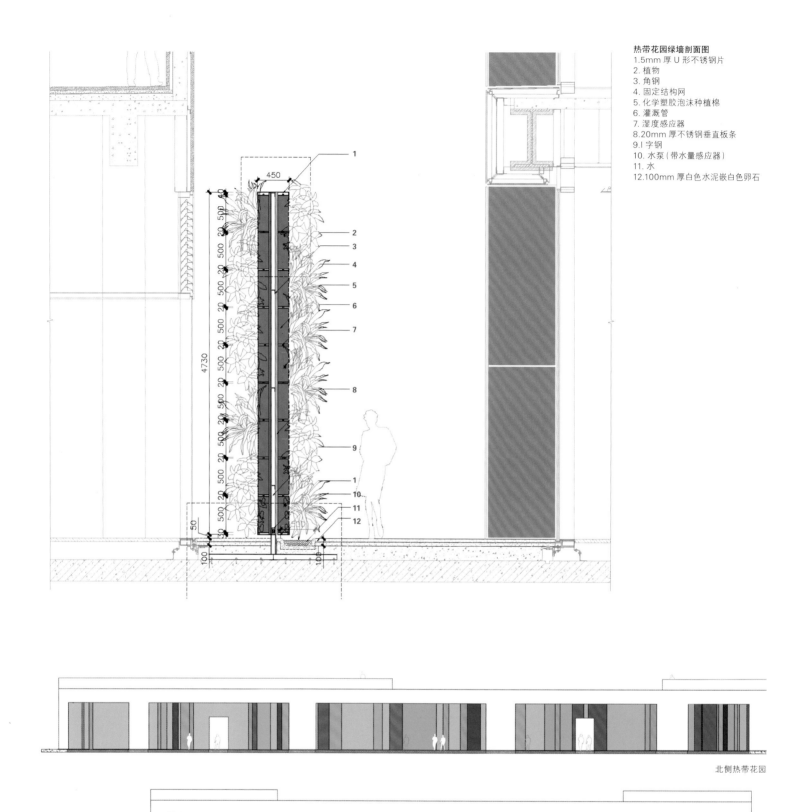

热带花园绿墙剖面图
1. 1.5mm 厚 U 形不锈钢片
2. 植物
3. 角钢
4. 固定结构网
5. 化学塑胶泡沫种植棉
6. 灌溉管
7. 湿度感应器
8. 20mm 厚不锈钢垂直板条
9. I 字钢
10. 水泵（带水量感应器）
11. 水
12. 100mm 厚白色水泥嵌白色卵石

北侧热带花园

西侧热带花园

南侧热带花园

首层和二层广场上使用的当地花岗岩，在裙楼花园地面上也延续使用。用同样的处理方法处理（锻造和烧面），铺砖呈现出不同色调的灰色，从非常清浅（几乎是白色）到非常暗（几乎是黑色）。环绕建筑物的一条小路也以花岗岩铺装，视觉效果鲜明，可以用来慢跑，石材表面经锻造处理，以避免滑倒。

庭院

四间尺寸为 10.4 米 ×4.4 米的双层高庭院，为九楼的办公空间营造了一种绿色氛围。这些庭院可以视为裙楼花园在低处的延续，种植模式也是一脉相承。每一个庭院都以玻璃围合，里面的一切都可以从办公空间内看到。螺旋式楼梯使庭院直接连通裙楼花园，同时也是各种各样的攀缘植物的寄生处，有茉莉、玫瑰、白色紫藤和铁线莲等，为空间带来垂直绿化以及丰富的香气和色彩。庭院的植物选择也与裙楼相呼应，以灌木和多年生植物为主，为楼内员工提供了休闲放松的露台空间。或深色或浅色的花岗岩铺砖，尺寸为 10 厘米 ×10 厘米，应用于庭院地面，家具的选择也与裙楼风格一致。

空中花园

空中花园是一系列矩形绿化空间，尺度为 8.4 米 ×18 米，高 11.6 米。空中花园衔接着三个楼层，视野开阔，可以看到深圳证券交易所西侧的城市和天空。空中花园的内部在大街上隐约可见，也为楼内周围的空间带来景观的视觉享受。

四个空中花园垂直布置，由大尺度的线性元素组成。空中花园的参观者可以近距离仔细观察和欣赏其中的植被。四个花园分别位于第 11、23、33 和 45 层，每个空中花园都有自己的植物配置，通过色彩、质地和气味来区分。

补充说明

首层的热带花园和冷气室花园——都是植物墙——在连续的四个空中花园中以"绿柱花园"的形式重现。不锈钢柱直径分别为 20、40、60 和 80 厘米，悬挂于天花板的钢条上。有些立柱立于地面之上，延伸到相邻的室内空间。悬垂立柱之下，布置直径相同的钢制碟子，用于盛接滴下来的水。

有些柱子从天花板上悬垂下来，另一些则立于地面上，形成一系列的"绿柱花园"。圆柱内部是不锈钢的"笼子"，里面盛装了营养物质。气生植物和水培植物（附生蕨类、凤梨、兰花等）覆盖圆柱的整个表面。植物从柱子内部灌溉，提供空气和水分。在每根柱子下放置同等大小的钢盘来解决滴水问题。

裙楼花园平面图

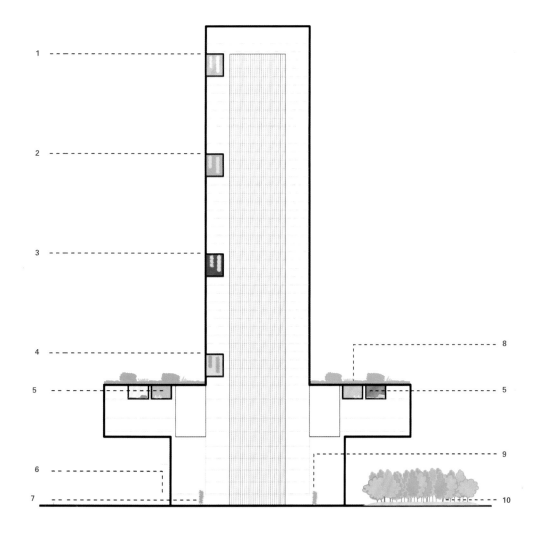

剖面图
1. 空中花园（45 层）
2. 空中花园（33 层）
3. 空中花园（23 层）
4. 空中花园（11 层）
5. 庭院（9 层）
6. 二层广场
7. 一层广场
8. 裙楼花园（10 层）
9. 热带花园
10. 公园

南京紫东生态会议中心绿墙

建
筑
外
墙
绿
化

项目地点： 中国，江苏，南京

设计及施工单位： 南京万荣园林实业有限公司

项目面积： 1041平方米

摄影： 绿空间立体绿化团队

植物： 合果芋、网纹草、千年木、冷水花、花叶万年青、小幸福树、吊兰、紫边碧玉、鹅掌柴、袖珍椰子、鸟巢蕨、小天使、吊罗、红掌、小龟背竹、银边黄杨、熊掌木、红花继木、红叶石楠、亮绿忍冬、大无风草、扶芳藤、金丝苔草、花叶络石、大花六道木、金线蒲、金森女贞

项目描述

南京紫东生态会议中心酒店坐落于风景秀丽的紫东国际创意园。酒店背靠独具"天然氧吧"称号的紫金山，采用低楼层设计、生态环保的建设和装修理念，酒店外庭院开阔、绿树成荫，配合绿色生态的大堂、郁郁葱葱的屋顶花园，让整个酒店置身于一个大型的天然氧吧之中。酒店共三层楼，从室外到室内、从一楼到三楼，随处可见的绿墙设计精致，堪称经典。

垂直绿化的各处绿墙设计施工工程历时 2 个月。项目由 32 块景观绿墙构成，绿化面积共 1041 平方米，其中室内绿墙面积 355 平方米，室外绿墙面积 686 平方米。

该项目是体现室内装修与整体建筑风格所建立的复合型绿墙项目，突出了创意园会议中心"绿色生态"的主题。为配合由国外设计师设计的建筑和装饰风格，绿墙采用了流线式的安装工艺，依墙体曲线而不断变化；技术要求上极其挑战设计与制作工艺；植物设计方面迎合建筑室内外墙体的色彩，选择与之相衬的植物种类，更将大量制氧能力强的植物应用其中，使生态会议中心更添健康、绿色、生态等多元因素。

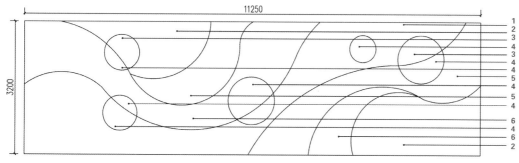

11250

3200

绿墙植物配置图 1-1
1. 合果芋
2. 网纹草
3. 千年木
4. 冷水花
5. 花叶万年青
6. 小幸福树

1
2
3
4
3
4
5
4
5
4
6
4
6
2

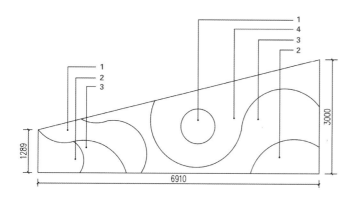

1
4
3
2

1
2
3

3000

1289

6910

绿墙植物配置图 1-2
1. 千年木
2. 吊兰
3. 合果芋
4. 花叶万年青

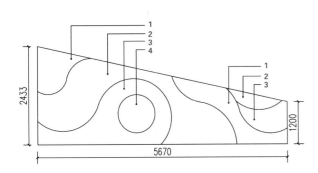

植物配置图 1-3
1.吊兰
2.合果芋
3.千年木
4.花叶万年青

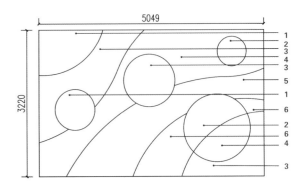

植物配置图 1-4
1.合果芋
2.网纹草
3.千年木
4.冷水花
5.花叶万年青
6.小幸福树

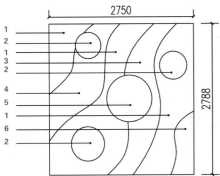

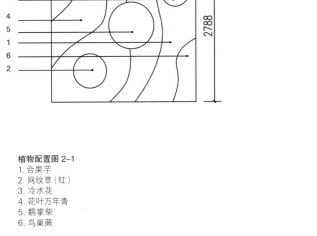

植物配置图 2-1
1.合果芋
2.网纹草(红)
3.冷水花
4.花叶万年青
5.鹅掌柴
6.鸟巢蕨

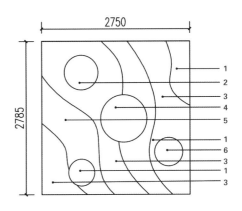

植物配置图 2-2
1.网纹草
2.鸟巢蕨
3.合果芋
4.鹅掌柴
5.花叶万年青
6.冷水花

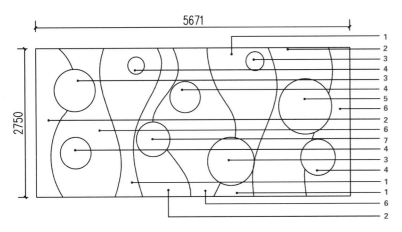

植物配置图 2-3
1.花叶万年青
2.合果芋
3.冷水花
4.网纹草
5.千年木
6.吊兰
7.红掌

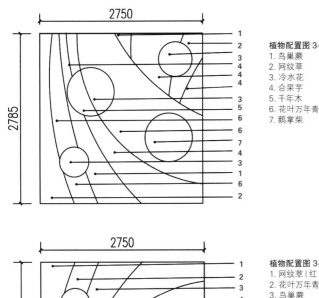

植物配置图 3-1
1. 鸟巢蕨
2. 网纹草
3. 冷水花
4. 合果芋
5. 千年木
6. 花叶万年青
7. 鹅掌柴

设计师根据植物的生长习性选择了合果芋、鸟巢蕨、幸福树、袖珍椰子、红掌、吊兰、龟背竹等 15 种室内植物，大花六道木、金边黄杨、千叶兰、熊掌木、金丝苔草等 12 种室外植物。采用自然流线作为主要设计线条，通过植物叶形和颜色上的差异，产生较强的视觉冲击，给人清新明亮又充满生机的印象。

整个墙体绿化系统比较分散但养护管理起来并不烦琐，这要归功于远程控制水肥一体自动灌溉系统，该系统把 32 块景观墙分成 3 个区域进行灌溉控制。养护人员可以远程在手机端、电脑端对灌溉进行实时监控和操作，确保了水肥的正常供应，保证了植物墙的景观效果。

除了这些分布在酒店各处的绿墙外，酒店的屋顶花园更为住客和工作人员提供了一个安静休闲的绿色场所。

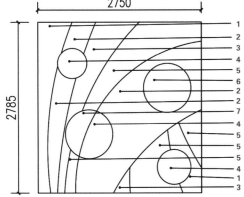

植物配置图 3-2
1. 网纹草（红）
2. 花叶万年青
3. 鸟巢蕨
4. 冷水花
5. 合果芋
6. 鹅掌柴
7. 千年木

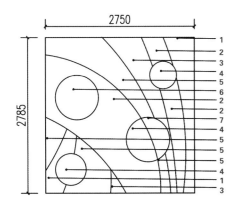

植物配置图 3-3
1. 网纹草（红）
2. 花叶万年青
3. 鸟巢蕨
4. 冷水花
5. 合果芋
6. 鹅掌柴
7. 千年木

植物配置图 3-4
1. 鸟巢蕨
2. 网纹草（红）
3. 冷水花
4. 合果芋
5. 千年木
6. 花叶万年青
7. 鹅掌柴

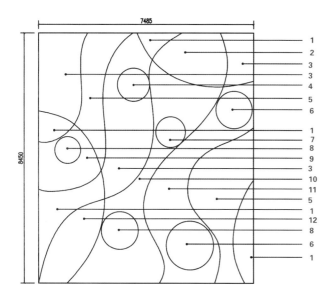

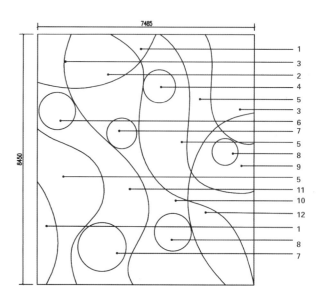

植物配置图 23-3
1. 银边黄杨
2. 熊掌木
3. 大花六道木
4. 金线蒲
5. 亮绿忍冬
6. 金丝苔草
7. 红花继木
8. 红叶石楠
9. 大吴风草
10. 扶芳藤
11. 花叶络石
12. 金森女贞

植物配置图 23-4
1. 银边黄杨
2. 熊掌木
3. 大花六道木
4. 金线蒲
5. 亮绿忍冬
6. 金丝苔草
7. 红花继木
8. 红叶石楠
9. 大吴风草
10. 扶芳藤
11. 花叶络石
12. 金森女贞

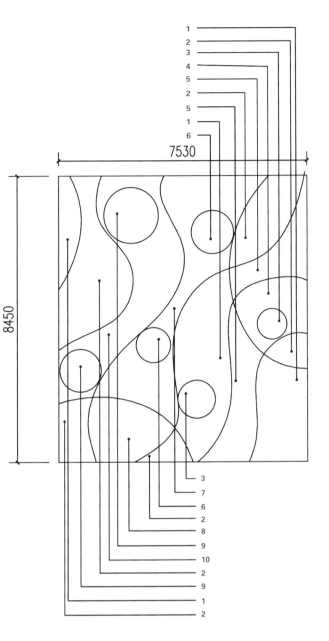

7530

8450

植物配置图 23-9
1. 金森女贞
2. 大花六道木
3. 红叶石楠
4. 银边黄杨
5. 扶芳藤
6. 金丝苔草
7. 花叶络石
8. 大吴风草
9. 红花继木
10. 亮绿忍冬

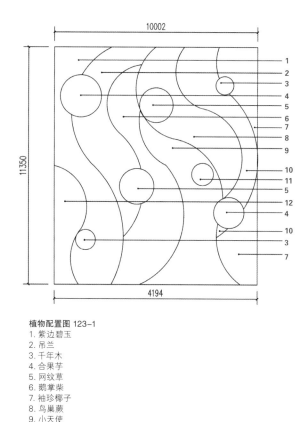

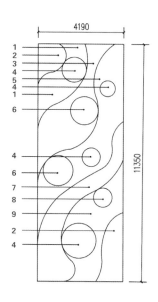

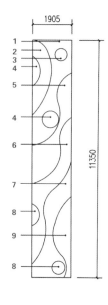

植物配置图 123-1
1. 紫边碧玉
2. 吊兰
3. 千年木
4. 合果芋
5. 网纹草
6. 鹅掌柴
7. 袖珍椰子
8. 鸟巢蕨
9. 小天使
10. 吊萝
11. 红掌
12. 小龟背竹

植物配置图 123-2
1. 吊兰
2. 袖珍椰子
3. 吊萝
4. 合果芋
5. 紫边碧玉
6. 千年木
7. 鸟巢蕨
8. 红掌
9. 小天使

植物配置图 123-3
1. 银边黄杨
2. 熊掌木
3. 红花继木
4. 红叶石楠
5. 亮绿忍冬
6. 大吴风草
7. 扶芳藤
8. 金丝苔草
9. 花叶络石

大花六道木

大花六道木，忍冬科六道木属。叶金黄，略带绿心，花粉白色。生长快，花期长。华东、西南及华北可露地栽培。是较为珍贵的观赏性品种，从半落叶到常绿都有。大花六道木为六道木的矮化品种，目前国内已有引进，但数量非常有限。

大吴风草

大吴风草，多年生葶状草本。根茎粗壮，直径达 1.2 厘米。花葶高达 70 厘米，幼时被密的淡黄色柔毛，后多少脱毛，基部直径 5~6 毫米，被极密的柔毛。先端圆，全缘或有小齿或掌状浅裂，基部弯缺宽，两面幼时被灰白色柔毛，后无毛。

吊兰

吊兰，别名垂盆草、挂兰、钓兰、兰草、折鹤兰。属多年生常绿草本植物，根状茎平生或斜生，有多数肥厚的根。叶丛生，线形，叶细长，似兰花。有时中间有绿色或黄色条纹。花茎从叶丛中抽出，长成匍匐茎在顶端抽叶成簇，花白色，常 2~4 朵簇生；蒴果三棱状扁球形。花期 5 月，果期 8 月。

吊萝

吊萝，性喜温暖、潮湿环境，要求土壤疏松、肥沃、排水良好。吊萝极耐阴，在室内向阳处即可四季摆放，在光线较暗的室内。越冬温度不应低于 15℃，土要保持湿润，应经常向叶面喷水，提高空气湿度。

鹅掌柴

鹅掌柴，常绿灌木。分枝多，枝条紧密。掌状复叶，小叶 5~8 枚，长卵圆形，革质，深绿色，有光泽。圆锥状花序，小花淡红色，浆果深红色。是热带、亚热带地区常绿阔叶林常见的植物。

扶芳藤

扶芳藤，卫矛科卫矛属常绿藤本灌木。高可达数米；小枝方棱不明显。叶椭圆形，长方椭圆形或长倒卵形，革质、边缘齿浅不明显，聚伞花序；小聚伞花密集，有花，分枝中央有单花，花白绿色，花盘方形，花丝细长，花药圆心形。6 月开花，10 月结果。

龟背竹

龟背竹，茎绿色，粗壮，周延为环状，余光滑叶柄绿色；叶片大，轮廓心状卵形，厚革质，表面发亮，淡绿色，背面绿白色。肉穗花序近圆柱形，淡黄色。雄蕊花丝线形。雌蕊陀螺状，黄色，稍凸起。浆果淡黄色，柱头周围有青紫色斑点。

合果芋

合果芋，天南星科多年生常绿草本植物。合果芋的茎节具气生根，攀附他物生长。叶片呈两型性，幼叶为单叶，箭形或戟形；老叶成 5~9 裂的掌状叶，中间一片叶大型，叶基裂片两侧常着生小型耳状叶片。喜高温多湿，适应性强，生长健壮，能适应不同光照环境。

红花继木

红花继木，别名红继木，为金缕梅科，常绿灌木或小乔木。树皮暗灰或浅灰褐色，多分枝。嫩枝红褐色，密被星状毛。叶革质互生，卵圆形或椭圆形，先端短尖，基部圆而偏斜，不对称，两面均有星状毛，全缘，暗红色。花瓣 4 枚，紫红色线形，花 3~8 朵簇生于小枝端。蒴果褐色，近卵形。

红叶石楠

红叶石楠，是蔷薇科石楠属杂交种的统称，为常绿小乔木，叶革质，长椭圆形至倒卵披针形，春季新叶红艳，夏季转绿，秋、冬、春三季呈现红色，霜重色逾浓，低温色更佳。

红掌

红掌，又称花烛，天南星科多年生常绿草本植物。茎节短；叶自基部生出，绿色，革质，全缘，长圆状心形或卵心形。叶柄细长，佛焰苞平出，革质并有蜡质光泽，橙红色或猩红色；肉穗花序黄色，可常年开花不断。性喜温暖、潮湿、半阴的环境，忌阳光直射。花姿奇特美妍，花期持久。

花叶络石

花叶络石，是夹竹桃科，络石属常绿木质藤蔓植物，全株具白色乳汁，叶对生，具羽状脉。花序聚伞状，花白色或紫色；花萼 5 裂，裂片双盖覆瓦状排列，花萼通常腺体顶端作细齿状；花冠高脚碟状。属喜光、强耐阴植物，喜空气湿度较大的环境。

花叶万年青

花叶万年青，别名黛粉叶，为常绿灌木状草本，茎干粗壮多肉质，株高可达1.5米。叶片大而光亮，生于茎干上部，椭圆状卵圆形或宽披针形，先端渐尖，全缘；宽大的叶片两面深绿色，其上镶嵌着密集、不规则的白色、乳白、淡黄色等色彩不一的斑点、斑纹或斑块。喜温暖、湿润和半阴环境。不耐寒、怕干旱。

金森女贞

金森女贞，别名哈娃蒂女贞，木犀科、女贞属大型常绿灌木，花白色，果实呈紫色。春季新叶鲜黄色，至冬季转为金黄色，节间短，枝叶稠密。花期3至5月份，圆锥状花序，花白色。其为日本女贞的变种。

金丝苔草

金丝苔草，是莎草科苔草属的一个种。多年生草本，株高20厘米，叶有条纹，叶片两侧为绿边，中央呈黄色，穗状花序，花期4~5月。喜光，耐半阴，不耐涝，适应性较强。

金线蒲

金线蒲，多年生草本植物，具地下匍匐茎。叶线形，禾草状，叶缘及叶心有金黄色线条。肉穗花序圆柱状，花白色。根茎较短，横走或斜伸，芳香，外皮淡黄色。根茎上部多分枝，呈丛生状。叶基对折，两侧膜质叶鞘棕色，肉穗花序黄绿色，圆柱形，果黄绿色。

冷水花

冷水花，多年生草本，具匍匐茎。茎肉质，纤细，中部稍膨大，叶柄纤细，常无毛，稀有短柔毛；托叶大，带绿色。花雌雄异株，花被片绿黄色，花药白色或带粉红色，花丝与药隔红色。瘦果小，圆卵形，熟时绿褐色。花期6~9月，果期9~11月。

亮叶忍冬

亮叶忍冬，是女贞叶忍冬的亚种，常绿灌木，枝叶十分密集，小枝细长，横展生长。叶对生，细小，卵形至卵状椭圆形，革质，全缘，上面亮绿色，下面淡绿色。花腋生，并列着生两朵花，花冠管状，淡黄色，具清香，浆果蓝紫色。

鸟巢蕨

鸟巢蕨，别名山苏花，为铁角蕨科巢蕨属下的一个种，属多年生阴生草本观叶植物。植株高80~100厘米，根状茎直立，粗短，木质，粗约2厘米，深棕色，先端密被鳞片；鳞片阔披针形，长约1厘米，先端渐尖，全缘，薄膜质，深棕色，稍有光泽。

千年木

千年木，别名红竹、朱蕉，为龙舌兰科灌木植物，地下部分具发达匍根茎，易发生萌桑。其主茎挺拔，茎高1~3米，不分枝或少分枝。花淡红色至青紫色，间有淡黄。多于庭园栽培，为观叶植物。株形美观，色彩华丽高雅，具有较好的观赏性。生长适温为20~25℃。

网纹草

网纹草，爵床科，网纹草属植物。植株矮小，匍匐生长，叶片娇小，叶面具有白或红的细致网纹。姿态轻盈，植株小巧玲珑，在观叶植物中属小型盆栽植物。由于精巧玲珑，叶脉清晰，叶色淡雅，纹理匀称。网纹草喜高温多湿和半阴环境，属高温性植物，生长适温为18~24℃。

小天使

小天使，别名仙羽蔓绿绒、春羽、奥利多蔓绿绒，天南星科蔓绿绒属，是小型多年生直立草本。其叶小而幽雅，外形有如大鸟的羽，喜半阴和温暖潮湿的环境下生长，生长适温在20~30℃，能短时间忍耐5℃的低温，但冬季不能长期低于10℃，植株四季葱翠，绿意盎然，叶态奇特。

幸福树

幸福树，学名菜豆树，中等落叶乔木，皮浅灰色，深纵裂，块状脱落。性喜高温多湿、阳光足的环境。耐高温，畏寒冷，宜湿润，忌干燥。栽培宜用疏松肥沃、排水良好、富含有机质的壤土和沙质壤土。花期5月至9月，果期10月至12月。

熊掌木

熊掌木，常绿灌木，叶碧绿，呈掌状，五浅裂，极少三浅裂，似熊掌状。熊掌木叶有光泽，边缘少齿或无齿，叶柄比八角金盘短，叶直径在15厘米左右，比八角金盘叶片小而厚实，相比之下，比较秀气。喜半阴环境，耐阴性好，在光照极差的场所也能良好生长。

万科峯境

项目地点：中国，广州
设计单位：WOHA 建筑事务所
建筑高度：50 米
摄影：帕特里克·宾汉·霍尔，WOHA 建筑事务所

项目描述

项目是一座位于中国广州市白云地区的商住综合体。设计为中国的城市化进程提出了具有领先意义的环保居住模式，在高密度的城市环境里创造出了可以呼吸的绿色建筑。

项目基地比邻绿意盎然的白云山，坐拥着在中国大都市里难得的优良自然环境。设计充分考虑到这一点并把自然景色作为建筑造型和布局的主要出发点。

为了充分的利用景观的优势，小区的楼房被布局成了一个"U"形，确保了尽可能多的居住单元能享受到不远处的山景。在小区里不同区域和不同楼层的立体绿化和背景中的白云山一起构成了多层次的立体景致，远近呼应的绿意为居民带来了更多的视觉享受。

在每栋居民楼上每隔四层就设有一座空中花园，这些花园与电梯厅相连，将自然带到居民眼前的同时也提供了方便邻里之间社交的平台。除此之外，空中花园设置的数量和间隔还赋予了居民楼一种传统联排别墅那样三至四层的一种更宜居尺度。空中花园的两侧纵向建筑表皮是从二层一直通到屋顶的垂直绿墙，它们与花园结合起来形成了每栋楼的垂直绿核。小区内较低矮的居民楼和所有商用建筑顶部也都被绿化覆盖，成了除去地面层以外又一个公共活动平台。

绿化的概念也被引入了每户单元内，设计让居民可以在自家的阳台上轻易地接触到建筑立面上的花池。住户被鼓励在这些花池里面栽种自己想要的花草，这样的策略让每家每户都能拥有自己独特外观的同时也加强了住户对居民楼共同责任感和归属感。立面上网格状的金属结构将凸窗和阳台整合成一种和谐的建筑语言，它们也为垂直绿化提供了附着攀爬的骨架，使植物能够逐渐蔓延开来以致最后为建筑完全披上一层绿衣。

一层平面图
1. 商业广场
2. 商业广场下沉区
3. 店铺
4. 超市
5. 下车区
6. 大堂
7. 绿化庭院
8. 电梯厅
9. 小型健身游泳池
10. 健身房
11. 儿童游乐区
12. 盆景
13. 茶室
14. 竹林
15. 住宅活动室
16. 诊所

四层平面图
1. 商业屋顶花园
2. 电梯厅

十四层平面图
1. 空中花园
2. 电梯厅

空中花园、垂直绿墙、屋顶花园和地面景观一起构成了一座"立体森林",将社区变成了一个能够 24 小时产生新鲜空气的"绿肺"。所有的绿化也能起到良好的隔音效果,让居民免受来自于周边环境里的噪声打扰。

小区的布局也考虑到了广州地区每年的季风风向变化,通过居民楼上的不同间隙和开口以及高层楼房和低层楼房叠搭后在底部形成的两个大开口,使每家每户以及整个社区在不同的季节都能拥有良好的自然通风。

小区地面层的公共空间和私密空间被景观清楚地划分开来。一个全标准长度游泳池从小区大堂延伸出去并穿过低层居民楼的下方,形成了整个小区的视觉主轴之一。泳池旁的景观水体会根据季节而变化,在炎热的夏天被注满,而在凉爽的秋冬季节被放干水成为活动平台。在小区内的下沉式商业广场的四周,一圈竹林将附近道路上的汽车噪声隔绝开来。巨型"盆景"则成为供公众休憩的凉亭。

项目的商业部分被安排在了地面层上朝向主路的位置。商业功能的体量被细化成在广州地区常见的小尺度模式。此处也包括了一个下沉式广场,在满足商业面积需求的同时提供了一个不受外部行车噪声打扰的公共空间。

当人们驾车行驶过白云高速路时,峯境面向道路的两块 50 米通高绿墙会显得格外引人注目。小区内层次丰富的绿化和另一侧的白云山遥相呼应,赏心悦目。项目大胆的景观手法和科学的规划布局是对传统商品房如出一辙的开发模式的一次挑战,设计也希望通过这样一个项目能在当地和更广泛的中国区域内带动起生态环保建筑的新潮。

深圳龙光玖龙台立体绿化工程

项目地点：中国，深圳
设计单位：深圳市金鸿城市生态科技有限公司
施工单位：深圳市康雅园林工程有限公司
项目面积：1800 平方米（墙面），1600 平方米（屋顶）
摄影：肖燕秋
植物：肾蕨、栀子花、金绿萝、龟背竹、袖珍椰子、金钻、绿萝、红霞粗肋草

项目描述

玖龙台为光明新区打造绿色健康的生态城市综合体标杆建筑。 绿色地产是绿色建筑
与地产形式结合的新型健康地产，是国家提倡的地产发展方向，绿色则意味着健康、
舒适、人性化、可持续的人居价值实现。玖龙台让人们重回自然，宛如居住于森林中，
绿意盎然、如诗如画。

玖龙台营销中心采用全方位、全包围式的立体空间种植模式，外墙绿化有 1800 多平
方米，室内有 300 多平方米，屋面有 1600 多平方米。

外墙立体绿化采用金鸿标准模块式工艺，种植模块规格为 600mm×400mm×
100mm，内设蓄排水槽，4 列挂钩嵌入加强筋，安全稳固耐久性强，植物先在种植
模块里培育 30~50 天，待其充分扎根后再挂装到墙面，确保其成活率和覆盖效果。

室内立体绿化采用金鸿种植毯铺贴式工艺，种植毯含防水阻根穿刺膜、纳米级吸水
毯和生态型高分子种植袋三层复合而成，其防水、阻根又防火，超轻、超薄，吸水
毯像海绵一样，将水分朝四面八方渗透和扩散，柔性材料，可剪可裁，曲面造型简
单易操作。

室外绿墙植物配置图 1

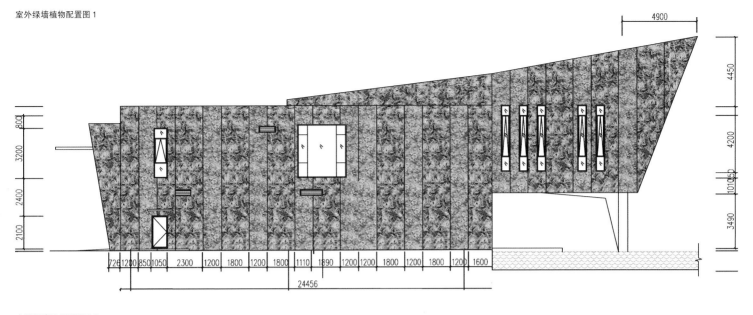

室外绿墙植物配置图 2

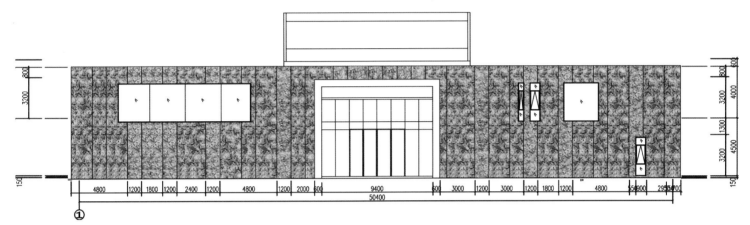

室外绿墙植物配置图 3

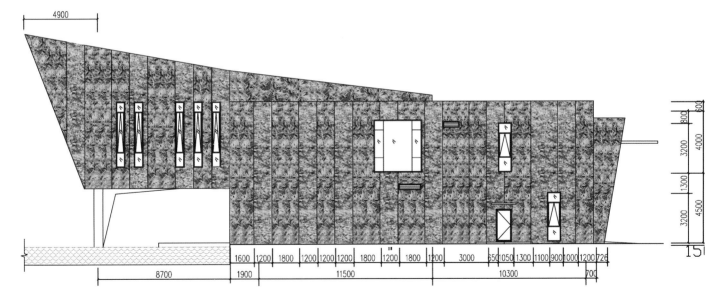

栀子花　　　　肾蕨

室外绿墙植物配置图 4

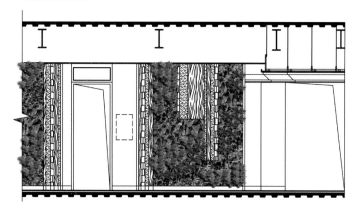

室外绿墙植物配置图 5

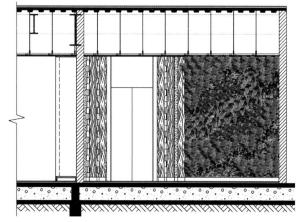

屋顶绿化采用无土节能隔热绿地贴种植，可 15 天不浇水，3 年不加肥，无须修剪，循环生长。

立体绿化全部采用全自动滴灌系统，智能控制滴灌时间和滴灌量，节约人工成本、节约水资源；栽培营养基质由椰糠、蛭石、泥炭土、保水材料、进口填充剂以及各种纤维、各种微生物菌等十几种材料组成，配比时还考虑到各材料颗粒的大小、形状、孔隙度等因素，做到固、液、体三相比例恰当，确保其吸水性和透气性；植物以多年生草本和小灌木为主，易成活、易养护、寿命长。

森林中的楼盘，雕琢人居首善之作，与天地共鸣，与万物共生，与白云竞秀，天工之美，令世界动容。

室外绿墙植物配置图 6

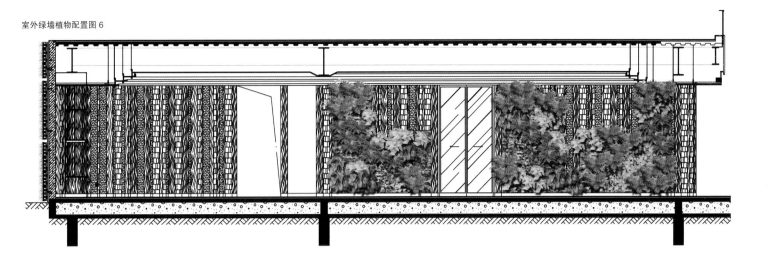

室外绿墙植物配置图 7

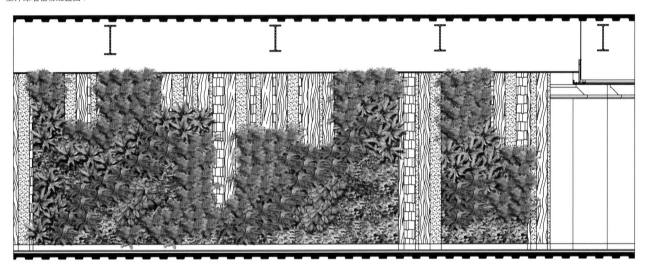

室外绿墙植物配置图 8

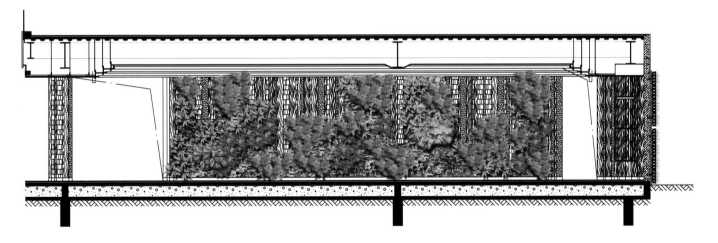

金绿萝

龟背竹

袖珍椰子

金钻

绿萝

红霞粗肋草

深圳前海华侨城大酒店垂直绿化

项目地点：中国，广东，深圳

设计单位：深圳市润和天泽环境科技发展股份有限公司

摄影：胡福沅

项目面积：1300 平方米

植物：大蚌兰、红千年木、红叶石楠、肾蕨、花叶鸭脚木、小叶女贞、小蚌兰、黄金叶、栀子花、金边假连翘、七彩大红花、花叶假连翘、鸢尾

项目描述

前海华侨城大酒店，深圳首个国际 LEED 金级认证绿色环保标准建筑，由世界顶级建筑设计师约翰·波特曼倾力打造。占地 21000 平方米，由该区域首座白金五星级酒店、深圳首个外售型私属酒店（华寓）以及一座海滨会所组合而成。

该项目位处酒店建筑外立阴面，背靠 1800 平方米无柱宴会大厅，面朝华寓和海滨会所，以凤凰为设计灵感，选用 6 种不同颜色和品种的植物，设色艳丽，线条平滑，寓意吉祥，静美而优雅。该项目采用节水型滴灌系统，在施工过程中，植物墙的视觉效果令人惊艳，于是甲方决定，将原定 420 平方米植物墙扩建至 1300 平方米，借助植物元素，融合现代设计的自然装饰风格，将立体绿墙的艺术底蕴通过建筑语汇生动地阐述开来，深度契合"国际化生态城区"的人居理念，华寓也在随后凭借"最生态的奢华"定位，创造了开盘 1 天售罄的销售奇迹。

该植物墙总面积近 1300 平方米，全部由纯天然绿植组成。浓密茂盛的绿植，静静地释放着清新怡人的味道。

该植物墙以孔雀翎毛为设计元素，通过色彩差异、叶面不一的植物搭配，拼凑成一幅孔雀开屏的绚丽图案。以不同植物为色块，依次排列成放射状，组合成有节奏感、韵律感的视觉画面。仰望上空，放眼望去，整个绿墙的植物过渡层层递进，感受着其间的自由舒畅和积极向上的生命力，冲击的视觉和感受油然而生。

植物墙的设计与周围环境融为一体，也是酒店的点睛之笔，在喧嚣的都市中寻找一片绿意，吸收一口清新的空气，才是五星级的真正享受。寓意吉祥、静美而优雅，还带给了住户及酒店客人一种自然、原生态的感觉。

这不仅仅是一面生机盎然、赏心悦目的植物墙，同时在改善空气质量中，它也发挥着非常大的作用。孔雀，在中国文化中一直象征着吉祥，孔雀开屏更是寓意着典雅幸福。

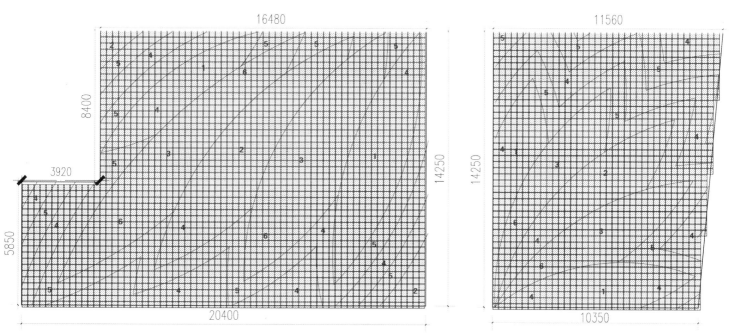

华侨城酒店垂直绿化植物配置图
1. 大蚌兰　　　株高: 15cm~25cm
2. 红千年木　　株高: 15cm~25cm
3. 红叶石楠　　株高: 15cm~25cm
4. 肾蕨　　　　株高: 15cm~25cm
5. 花叶鸭脚木　株高: 15cm~25cm
6. 小叶女贞　　株高: 15cm~25cm

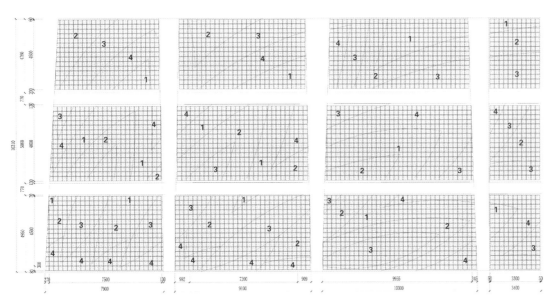

三期植物配置图
绿化面积：417.42m²
1. 小蚌兰
2. 黄金叶
3. 栀子花
4. 金边假连翘

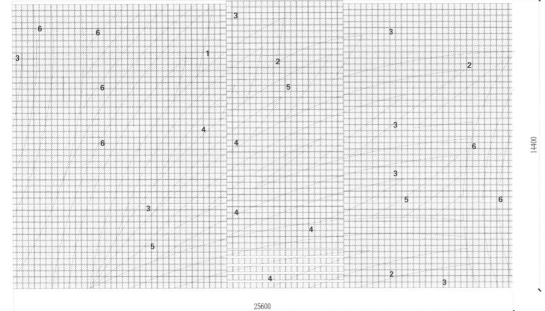

二期植物配置图
绿化面积：368.64m²
1. 七彩大红花
2. 花叶假连翘
3. 花叶鸭脚木
4. 大蚌兰
5. 鸢尾
6. 肾蕨

植物配置图

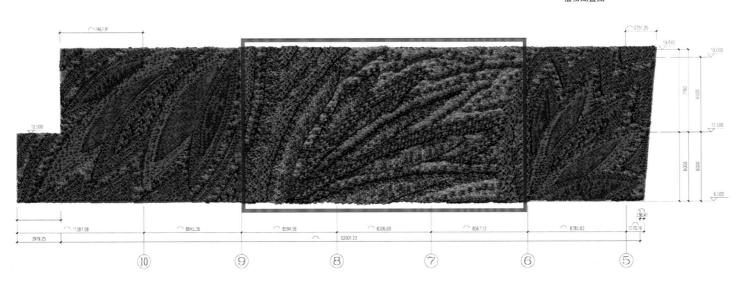

大蚌兰

蚌兰叶为鸭跖草科植物紫万年青的叶，多年生草本。茎粗壮，多少肉质，高不及50厘米，不分枝。花白色，腋生，具短柄，多数，聚生，包藏于苞片内；苞片2，蚌壳状，大而压扁，花期夏季。

红边千年木

红边千年木，百合科植物。叶色绿色，边缘红色，中间绿黄红颜色交替。常用于盆栽植物、庭院植物。喜温暖、湿润和微酸性沙壤土，冬季温度不低于5℃，喜阳光充足，但忌烈日暴晒。可用扦插和压条繁殖。

红叶石楠

红叶石楠，是蔷薇科石楠属杂交种的统称，为常绿小乔木，叶革质，长椭圆形至倒卵披针形，春季新叶红艳，夏季转绿，秋、冬、春三季呈现红色，霜重色逾浓，低温色更佳。红叶石楠因其鲜红色的新梢和嫩叶而得名，其栽培变种很多。

花叶假连翘

花叶假连翘，常绿灌木或小乔木。株高在1~3米，枝下垂或平展，茎四方，绿色至灰褐色。花叶假连翘叶对生，卵状椭圆形或倒卵形，长2~6厘米，中部以上有粗刺，纸质，绿色。花期在每年的5月至10月。性喜高温，耐旱。全日照，喜好强光，能耐半阴。生长快，耐修剪。

花叶鸭脚木

花叶鸭掌木，又名鸭掌柴，形状为掌状复叶，小叶6~9枚，革质，长卵圆形或椭圆形，叶绿色，叶面具不规则乳黄色至浅黄色斑块。性喜暖热湿润气候，生长快，用种子繁殖。在空气湿度大、土壤水分充足的情况下，茎叶生长茂盛。但水分太多，造成渍水，会引起烂根。

黄金叶

黄金叶，叶长卵圆形，色金黄至黄绿，常绿灌木，枝下垂或平展，卵椭圆形或倒卵形。生长期水分要充足。适于种植作绿篱、绿墙、花廊，或攀附于花架上，或悬垂于石壁、砌墙上，均很美丽。枝条柔软，耐修剪，可卷曲为多种形态，作盆景栽植。

金边假连翘

金边假连翘，别名篱笆树、花墙刺、甘露花、金露花。常绿灌木。枝长，下垂。叶对生，卵状椭圆形或倒卵形。总状花序腋生，排成一个顶生圆锥花序，花通常着生于中轴一侧，花冠蓝紫色或白色。花期全年。性喜温暖和阳光充足的环境，稍耐阴，耐寒性稍差，一般的土壤可生长良好。

七彩大红花

七彩大红花，常绿灌木或小乔木。叶互生，椭圆形，边缘有锯齿。花腋生，形大，花瓣卵形，有红、粉红、黄、白等色，基部深红，5~11月开花，有单瓣和重瓣变种，单瓣雄蕊超出花冠外，叫作扶桑，重瓣称为朱槿。性喜温暖、湿润的气候。

肾蕨

肾蕨，附生或土生。根状茎直立，被蓬松的淡棕色长钻形鳞片，下部有粗铁丝状的葡匐茎向四方横展，匍匐茎棕褐色，不分枝，有纤细的褐棕色须。叶簇生，暗褐色，略有光泽，叶片线状披针形或狭披针形，干后棕绿色或褐棕色，光滑。喜温暖潮润和半阴环境，忌阳光直射。

小蚌兰

小蚌兰，鸭跖草科多年生草本，叶小而密生，叶背淡紫红色，叶簇密集。叶簇生于短茎，剑形，硬挺质脆，叶面绿色，叶背紫色，花序腋生于叶的基部，佛焰苞呈蚌壳状，淡紫色，花瓣三片。

小叶女贞

小叶女贞，是木犀科女贞属的小灌木，叶薄革质；花白色，香，无梗；核果宽椭圆形，黑色。生境是沟边，路旁，河边灌丛中，山坡。小叶女贞主枝叶紧密、圆整；它叶小、常绿，且耐修剪，生长迅速，是制作盆景的优良树种。

鸢尾

鸢尾，又名蓝蝴蝶、紫蝴蝶、扁竹花等，属天门冬目，鸢尾科多年生草本。叶片碧绿青翠，根状茎粗壮，直径约1厘米，斜伸；叶长15~50厘米，宽1.5~3.5厘米，花蓝紫色，直径约10厘米；蒴果长椭圆形或倒卵形，长4.5~6厘米，直径2~2.5厘米。耐寒性强，喜光、喜水湿。

前海万科企业公馆立体绿化

项目地点： 中国，广东，深圳
设计师： 陆燕妮、陈宁馨
施工单位： 深圳市金鸿环境科技有限公司
项目面积： 1200 平方米
摄影： 陈宁馨
植物： 鸭脚木、九里香、满天星、肾蕨、大蚌兰、黄金叶、栀子花、佛甲草、锦竹草

项目描述

前海万科企业公馆立体绿化项目包含墙面绿化和屋顶绿化，总面积 1200 平方米，采用模块式垂直绿化技术，施工总工期 60 天。

整面墙以"飘带"为设计主题，简约中独具气势，充满现代感，师法自然，自然、艺术永恒的主题。

本项目采用多年生草本和小灌木，颜色上选择深浅绿色、黄色、紫色以及各种开花植物，叶形上以圆叶、桃形叶、尖叶以及长条形叶来搭配，植物有鸭脚木、九里香、满天星、肾蕨、大蚌兰、黄金叶、栀子花等。

本项目采用全自动滴渗浇灌系统，分区域分时段设定浇灌量，满足植物水分需求，保证长期、稳定的景观效果。

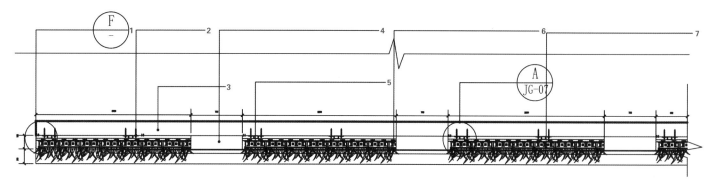

横剖图
1. 侧面包边
2. 化学锚栓
3. 原建筑墙体
4.60×40×3mm 热镀锌扁通（焊接）
5.600×400×100mm 标准基盘
6.80×80×40×6mm 热镀锌角码
7.L30×3mm 热镀锌角钢

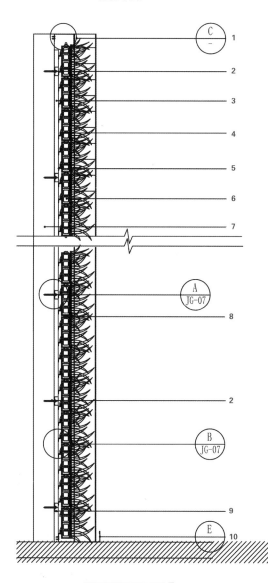

竖剖图
1. 不锈钢顶部包边
2. 化学锚栓
3.60×40×3mm 热镀锌扁通（焊接）
4.L30×3mm 热镀锌角钢
5.L30×3mm 热镀锌角码（焊接）
6.600×400×100mm 标准基盘
7. 原建筑墙体
8. 滴灌管道
9.80×80×40×6mm 热镀锌角码
10. 排水槽

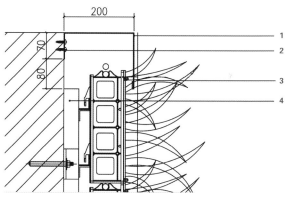

顶部包边大样图
1. 不锈钢顶部包边
2. 螺栓固定
3.600×400×100mm 标准基盘
4.60×40×3mm 热镀锌扁通（焊接）

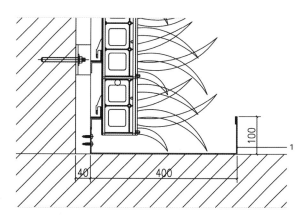

绿化墙底部排水槽大样图
1. 绿墙底部排水槽

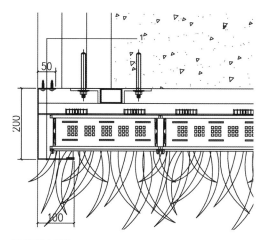

侧面包边大样图
1. 不锈钢包边

大蚌兰

蚌兰叶为鸭跖草科植物紫万年青的叶，多年生草本。茎粗壮，多少肉质，高不及50厘米，不分枝。花白色，腋生，具短柄，多数，聚生，包藏于苞片内；苞片2，蚌壳状，大而压扁，花期夏季。

佛甲草

佛甲草，景天科多年生草本植物，无毛。茎高10~20厘米。3叶轮生，少有4叶轮或对生的，叶线形，先端钝尖，基部无柄，有短距。花序聚伞状，顶生，疏生花，中央有一朵有短梗的花；花萼片线状披针形。蓇葖略叉开，花柱短；种子小。花期4~5月，果期6~7月。

黄金叶

黄金叶，叶长卵圆形，色金黄至黄绿，常绿灌木，枝下垂或平展，卵椭圆形或倒卵形。生长期水分要充足。适于种植作绿篱、绿墙、花廊，或攀附于花架上，或悬垂于石壁、砌墙上，均很美丽。枝条柔软，耐修剪，可卷曲为多种形态，作盆景栽植。

九里香

九里香，别称石辣椒、九秋香、七里香、千里香、万里香、黄金桂、月橘等。属常绿灌木，有时可长成小乔木样，株姿优美，枝叶秀丽，花香浓郁。常见于离海岸不远的平地、缓坡、小丘的灌木丛中。喜生于沙质土、向阳地方。

满天星

满天星，原名圆锥石头花，石竹科、石头花属多年生草本。耐寒，喜冷凉气候，忌炎热，多雨。生于海拔1100~1500米河滩、草地、固定沙丘、石质山坡及农田中。

肾蕨

肾蕨，附生或土生。根状茎直立，被蓬松的淡棕色长钻形鳞片，下部有粗铁丝状的匍匐茎向四方横展，匍匐茎棕褐色，不分枝，有纤细的褐棕色须。叶簇生，暗褐色，略有光泽，叶片线状披针形或狭披针形，干后棕绿色或褐棕色，光滑。喜温暖潮润和半阴环境，忌阳光直射。

栀子花

栀子花，又名栀子、黄栀子、龙胆目茜草科。属茜草科，为常绿灌木，枝叶繁茂，叶色四季常绿，花芳香。单叶对生或三叶轮生，叶片倒卵形，革质，翠绿有光泽。浆果卵形，黄色或橙色。栀子花喜光照充足且通风良好的环境，但忌强光曝晒。

鸭脚木

鸭脚木，别名鹅掌柴、吉祥树，常绿乔木或灌木，小枝、叶、花序、花萼幼时密被星状短柔毛。为常绿灌木。分枝多，枝条紧密。掌状复叶，小叶5~8枚，长圆圆形，革质，深绿色，有光泽。圆锥状花序，小花淡红色，浆果深红色。是热带、亚热带地区常绿阔叶林常见的植物。

锦竹草

铺地锦竹草，叶卵形先端尖，长约1~3厘米、宽1厘米，为薄肉质叶，抱茎而生，叶面富光泽并布有蜡质，翠绿色，叶缘、叶鞘处有细短白绒毛，叶缘及叶鞘基部带有紫色，叶面偶尔也会出现紫色斑点。蔓性小草，肉质茎，每一节处都可生根可长至1~2厘米。

泉州海上丝绸之路艺术公园立体绿化

项目地点：中国，福建，泉州

设计单位：北京朱锫建筑设计院

设计师：朱锫、肖燕秋

施工单位：深圳市金鸿环境科技有限公司

项目面积：6000 平方米

摄影：武锋波

项目描述

本项目由国际知名建筑大师朱锫设计，朱锫为该建筑命名为"绿色山园"，"山园"似建筑似装饰，似山似林，似景似物，充分体现了中国传统艺术的灵魂。本方案以假山石的纹路进行植物种植设计，结合植物色相、质感方面的变化，形成与建筑相呼应的绿色山园，使游人更加贴近自然，体验到自然之美。

本项目 6000 余平方米，含墙面绿化、屋顶绿化、吊顶绿化，采用铺贴式、花槽式以及牵引式等国际先进技术承建，施工总工期 18 天。

"绿色山园"以无用之用，顺势而为的艺术理念，在一座被遗弃的混凝土框架上设计绿植，对其进行扩展和延伸，从而创造独特的艺术体验场所。

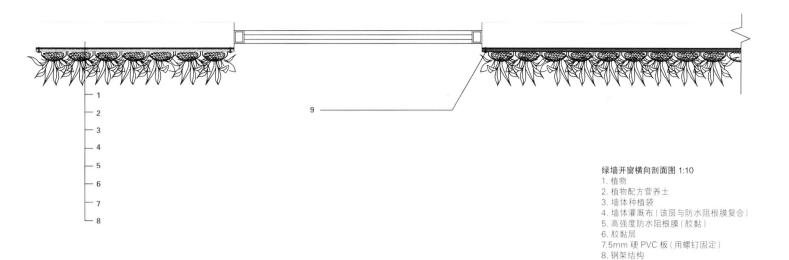

绿墙开窗横向剖面图 1:10
1. 植物
2. 植物配方营养土
3. 墙体种植袋
4. 墙体灌溉布（该层与防水阻根膜复合）
5. 高强度防水阻根膜（胶黏）
6. 胶黏层
7. 5mm 硬 PVC 板（用螺钉固定）
8. 钢架结构
9. 金属压条和固定钉

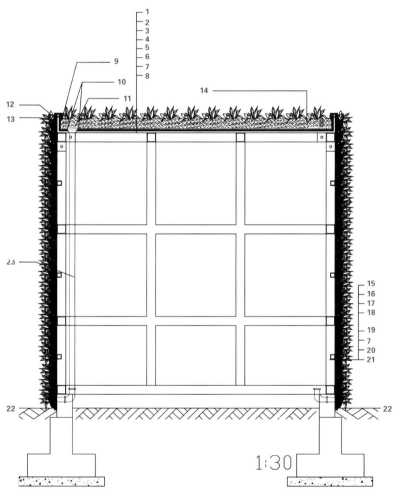

方盒子剖面图 1:30
1. 植物层
2. 过滤布
3. 蓄排水板
4. 蓄排水毛毡
5. 阻根防水卷材
6. 防水卷材
7. 胶黏层
8. 轻钢屋面
9. M 形压条
10. 热风焊接
11. 可焊接雨水斗
12. 金属压条和固定钉
13. 灌溉管
14. 根部灌溉管网(过滤布包裹; 管网与控制系统相连)
15. 植物
16. 种植配方营养土
17. 墙体种植袋
18. 墙体灌溉布（该层与防水阻根膜复合）
19. 高强度防水阻根膜（胶黏）
20. 5mm 硬 PVC 板（用螺钉固定）
21. 钢架结构
22. 地面
23. 沿柱子布置排水管, 接业主提供的落水口

绿墙开窗竖向剖面图 1:15
1. 不锈钢包边
2. 金属压条和固定钉
3. 植物
4. 种植配方营养土
5. 墙体种植袋
6. 墙体灌溉布（该层与防水阻根膜复合）
7. 高强度防水阻根膜（胶黏）
8. 胶黏层
9. 5mm 硬 PVC 板（用螺钉固定）
10. 钢架结构
11. 地面

深圳环境监测监控基地大楼立体绿化

项目地点：中国，广东，深圳
设计单位：润城生态
绿墙高度：67.5 米
摄影：润城生态
植物：肾蕨、细叶麦冬、鸢尾、银边草、阔叶麦冬、小蚌兰、山管兰、小红铁、鸭脚木、黄金叶、毛杜鹃

项目描述

深圳福田环境监测监控基地大楼位于深圳市福田区安托山东片区，是深圳标志性绿色低碳建筑，被评为国家三星级及深圳铂金级绿色建筑，是当前绿色建筑设计的典范。该大楼集环保监测监控、科技研发、应急指挥和环保科普于一体，构建中心区智慧环保"五大支撑点"，即城市绿色建筑的示范点、环保博士后研发的流动点、重点高校的环保硕士实习点、城市智慧环保的研发点和公众体验的参观点。

福田环境监测监控基地大楼由深圳建科院设计。大楼东、西面为整片的高大绿墙，南面则由精致的绿化模块点缀。该大楼占地面积 2816.9 平方米，层高 8 层，建筑面积 7000 平方米。大楼由深圳市建科院设计，整体风格简约且现代化，在节能、节水、节材、室内外环境质量控制及运营管理等方面按照绿色建筑技术要求实施，是典型的绿色低碳建筑。外墙披绿，那郁郁葱葱的绿化植物演绎着城市的立体绿化新模式。整个外墙垂直绿化由润城生态深化设计及施工完成。其中东面垂直绿化墙高达 67.5 米，是目前国内最高的垂直绿化项目。

东、西面的植物画面设计与西面相呼应，用块状式的植物种植方式，不同块上种植不同的植物，结合植物间的叶形、叶色等不同特点，形成变化多样的植物墙景观。在技术上，深圳是一个台风多发的地区，对于植物墙的技术要求很高，坚固、稳靠、安全是首要要求。所以在钢架的搭接和模块的摆放上，润城生态都做到了最大化的安全保护和最细致的施工设计，力求满足坚固、稳靠、安全的要求。

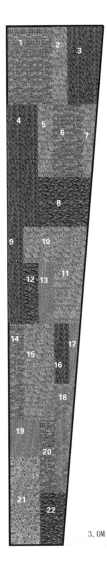

西面植物配置图 1:300
1. 鸢尾 49.14m²
2. 银边草 16.38m²
3. 阔叶麦冬 36.07m²
4. 阔叶麦冬 50.76m²
5. 银边草 15.12m²
6. 鸢尾 30.24m²
7. 银边草 11.75m²
8. 鸭脚木 35.24m²
9. 阔叶麦冬 20.16m²
10. 银边草 15.12m²
11. 银边草 40.80m²
12. 鸭脚木 12.60m²
13. 毛杜鹃 12.60m²
14. 鸢尾 20.16m²
15. 银边草 40.32m²
16. 阔叶麦冬 12.60m²
17. 毛杜鹃 7.32m²
18. 小红铁 25.06m²
19. 毛杜鹃 15.12m²
20. 鸢尾 15.12m²
21. 黄金叶 36.72m²
22. 鸭脚木 17.85m²

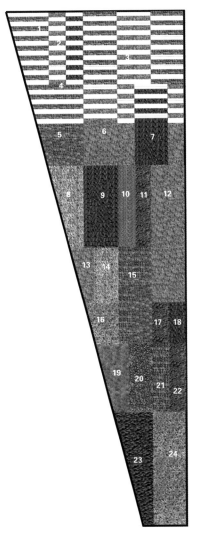

东面植物配置图 1:300
1. 鸢尾 28.80m²
2. 银边草 19.8 m²
3. 阔叶麦冬 6.30 m²
4. 鸢尾 12.06 m²
5. 鸢尾 30.00 m²
6. 银边草 22.65 m²
7. 阔叶麦冬 22.65 m²
8. 山菅兰 22.62 m²
9. 阔叶麦冬 30.24 m²
10. 毛杜鹃 15.12 m²
11. 肾蕨 15.12 m²
12. 银边草 50.76 m²
13. 银边草 10.28 m²
14. 山菅兰 14.82 m²
15. 鸢尾 35.64 m²
16. 黄金叶 12.92 m²
17. 肾蕨 7.56 m²
18. 阔叶麦冬 7.56 m²
19. 小红铁 18.04 m²
20. 小蚌兰 18.20 m²
21. 鸢尾 12.60 m²
22. 肾蕨 12.60 m²
23. 鸭脚木 31.21 m²
24. 黄金叶 41.94 m²

3. 0M

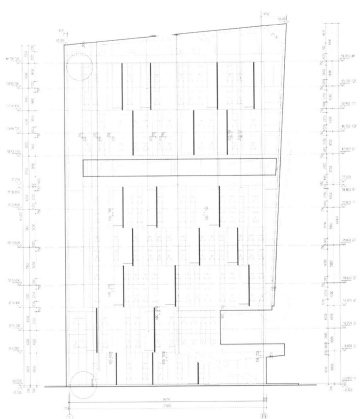

建筑所有植物面积

肾蕨 142m²
细叶麦冬 147m²
鸢尾 365m²
银边草 376m²
阔叶麦冬 213m²
小蚌兰 36m²
山菅兰 129m²

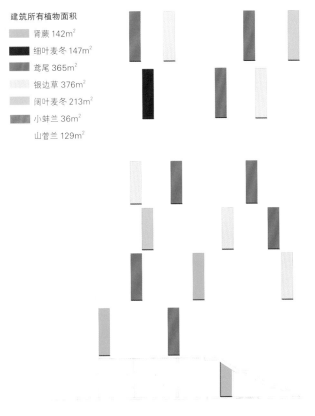

深圳海境界

项目地点：中国，广东，深圳

设计单位：深圳市润和天泽环境科技发展股份有限公司

设计师：赵艳丽

项目面积：60 平方米

摄影：赵艳丽

植物：鸭脚木、九里香、鸢尾、栀子花、黄金叶、红叶朱蕉、变叶木

项目描述

深圳湾厦·海境界，位于深圳市南山区蛇口后海大道东侧，地处后海湾核心居住区，紧邻后海大道的 33 万平方米湾区地标综合体，全单一产权户型，占地面积44516.32 平方米，总建筑面积达 33 万平方米。二期为综合体物业，规划有高档住宅、超高层写字楼和高级公寓以及星级酒店、购物中心，无论是规模、高度还是形态都将成为区域内的地标建筑。湾区历经 5 年研磨打造，后海湾唯一获得国家、深圳"双认证"的绿色建筑。从设计之初到施工交付的各大环节，在建筑的全寿命周期内，最大限度地节能、节地、节水、节材，聚集环保力量，传承生态理念。

该项目涵盖售楼部、样板房两处的里外空间，室外建筑立面主要汲取"绿窗"灵感，一整面洁白无瑕的墙面上，丛丛绿意自钢筋水泥间探窗而出，葱葱郁郁，错落有致，令人心旷神怡。入口处和样板房内，则选用 7 种植物竖纹构图，自由铺陈，形成面块，重复更替却丝毫不感枯燥，在不经意之间构建起颇具设计意味的组合，画面婉转流畅，植物色彩分明，俨然一面盎然勃发的生命墙。随视线变换从上至下蜿蜒流淌，实现植物墙、玻璃幕与水景的完美结合，在新城与旧城的跨界中，秉持高尚、奢华、生态的空间理念，带给人们无与伦比的国际化湾区居住生活体验。方案以"另一个重奏"为主题，采用几何分割，以绿叶植物为主，镶嵌在白色背景墙之中，整体色彩清新明快，时尚新颖，整个造型犹如一座人生迷宫，每一个岔口都有别样的故事。

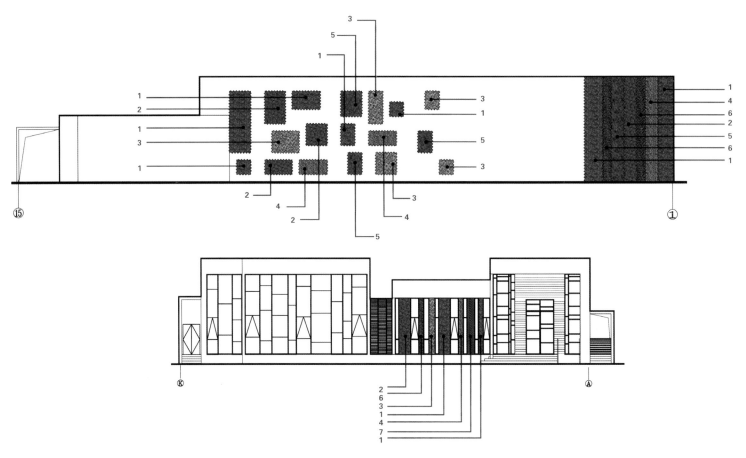

垂直绿化植物配置图
1.鸭脚木
2.九里香
3.鸢尾
4.黄金叶
5.栀子花
6.红叶朱蕉
7.变叶木

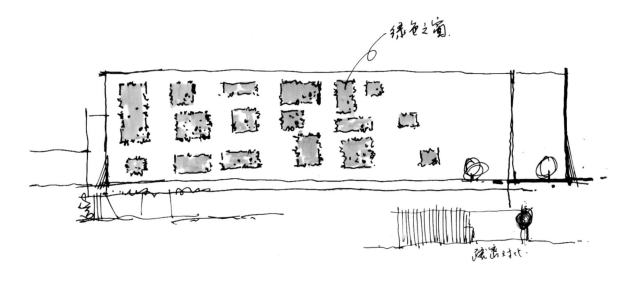

绿色之窗.

陡路对比.

柔形的植物墙.

遮阳.

变叶木

变叶木，大戟科灌木或小乔木，高可达 2 米。叶薄革质，基部楔形、两面无毛，绿色、淡绿色、紫红色、紫红与黄色相间，绿色叶片上散生黄色或金黄色斑点或斑纹，总状花序腋生，雄花白色；花梗纤细；雌花淡黄色，无花瓣；花盘环状，花往外弯；花梗稍粗。蒴果近球形，无毛；花期9~10月。喜高温、湿润和阳光充足的环境，不耐寒。

红叶朱蕉

红叶朱蕉，原名铁树。常绿灌木，地下部分具有发达的根茎，易发生萌蘖。其主茎挺拔，茎高 1~3 米，不分枝或少分枝。叶花淡红色至青紫色，间有淡黄的；浆果圆球形，通常只有 1 颗种子。性喜温暖湿润，喜光也耐阴，但不耐寒，冬季室内须保持 10℃ 以上才能越冬。

黄金叶

黄金叶，叶长卵圆形，色金黄至黄绿，常绿灌木，枝下垂或平展，卵椭圆形或倒卵形。生长期水分要充足。适于种植作绿篱、绿墙、花廊，或攀附于花架上，或悬垂于石壁、砌墙上，均很美丽。枝条柔软，耐修剪，可卷曲为多种形态，作盆景栽植。

鸢尾

鸢尾，又名蓝蝴蝶、紫蝴蝶、扁竹花等，属天门冬目，鸢尾科多年生草本。叶片碧绿青翠，根状茎粗壮，直径约 1 厘米，斜伸；叶长 15~50 厘米，宽 1.5~3.5 厘米，花蓝紫色，直径约 10 厘米；蒴果长椭圆形或倒卵形，长 4.5~6 厘米，直径 2~2.5 厘米。耐寒性强，喜光、喜水湿。

九里香

九里香，别称石辣椒、九秋香、七里香、千里香、万里香、黄金桂、月橘等。属常绿灌木，有时可长成小乔木样，株姿优美，枝叶秀丽，花香浓郁。常见于离海岸不远的平地、缓坡、小丘的灌木丛中。喜生于沙质土、向阳地方。

栀子花

栀子花，又名栀子、黄栀子、龙胆目茜草科。为常绿灌木，枝叶繁茂，叶色四季常绿，花芳香。单叶对生或三叶轮生，叶片倒卵形，革质，翠绿有光泽。浆果卵形，黄色或橙色。栀子花喜光照充足且通风良好的环境，但忌强光暴晒。

鸭脚木

鸭脚木，别名鹅掌柴，吉祥树，常绿乔木或灌木，小枝、叶、花序、花萼幼时密被星状短柔毛。为常绿灌木。分枝多，枝条紧密。掌状复叶，小叶 5 ~ 8 枚，长卵圆形，革质，深绿色，有光泽。圆锥状花序，小花淡红色，浆果深红色。是热带、亚热带地区常绿阔叶林常见的植物。

万科前海企业公馆

项目地点：中国，广东，深圳
设计单位：深圳市润和天泽环境科技发展股份有限公司
设计师：赵艳丽
项目面积：218 平方米
摄影：胡福沅
植物：龙船花、栀子花、黄金叶、鸢尾

项目描述

深圳前海企业公馆占地面积约 9 万平方米，建筑面积约 4 万平方米，是深圳目前独一无二的低密度绿色低碳公园式办公环境。在建筑和空间设计上均打破了常规的封闭形式，使办公空间显得更为灵活和个性化。风格简洁的建筑，特色的园林景观，似独立似整体的垂直绿化墙，这无一不在显示着前海未来的生活模式。

此项目位于企业公馆大门入口处的建筑外墙，以"森林"为主题，交错重叠的枝干为设计元素，依附于建筑墙体，使得钢架和玻璃幕墙显得不再冰冷，既软化了建筑墙角，又因此而穿上一件应季而换的衣裳。每天当清晨的第一缕阳光升起之时，倾洒于那满目盎然的绿墙之上，让整栋公馆仿佛被赋予了灵气一般，呈现"绿光森林"般的奇异幻境。当花开之时，绿裳之上姹紫嫣红，恰似穿上了花衣裳。春天的尾巴时是紫色和白色相间的碎花裙；夏天是非常应季的、随着时尚潮流而走的大花裙子；秋冬时分，植物枯黄凋零，绿墙依然绿意葱葱，成为秋冬日的一道抢眼的风景线。光照角度和气节变换轮回，每天皆是新景象。随着视线从上而下的蜿蜒流淌，实现植物墙、玻璃幕墙与水景三合一的完美结合。若是远远望去，简约大方的现代建筑形式，线条和方块是它的语言，而生态的垂直绿化墙便是它的修饰词，秉承高尚、简约、生态的空间理念，带给人们无与伦比的生态办公环境。

绿化墙植物配置图
1. 龙船花
2. 栀子花
3. 黄金叶
4. 鸢尾

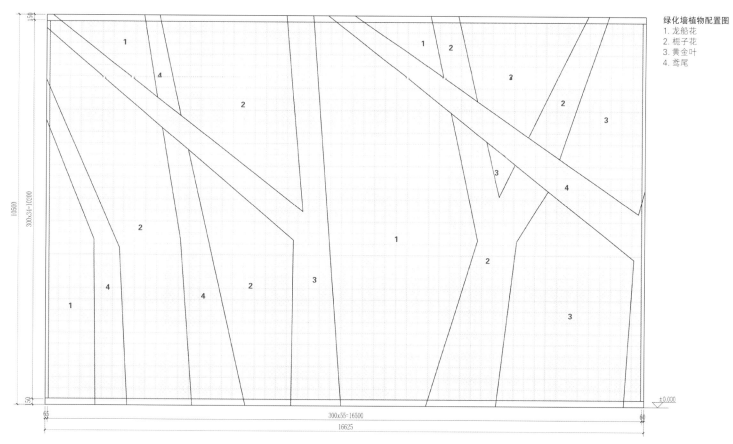

1 : 40

黄金叶

黄金叶，叶长卵圆形，色金黄至黄绿，常绿灌木，枝下垂或平展，卵椭圆形或倒卵形。生长期水分要充足。适于种植作绿篱、绿墙、花廊，或攀附于花架上，或悬垂于石壁、砌墙上，均很美丽。枝条柔软，耐修剪，可卷曲为多种形态，作盆景栽植。

龙船花

龙船花，又名英丹、仙丹花、百日红，为茜草科、龙船花属植物。植株低矮，花叶秀美，花色丰富，有红、橙、黄、白、双色等。株形美观，开花密集，花色丰富，是重要的盆栽木本花卉。龙船花花期较长，每年3~12月均可开花。

鸢尾

鸢尾，又名蓝蝴蝶、紫蝴蝶、扁竹花等，属天门冬目，鸢尾科多年生草本。叶片碧绿青翠，根状茎粗壮，直径约1厘米，斜伸；叶长15~50厘米，宽1.5~3.5厘米，花蓝紫色，直径约10厘米；蒴果长椭圆形或倒卵形，长4.5~6厘米，直径2~2.5厘米。耐寒性强，喜光、喜水湿。

栀子花

栀子花，又名栀子、黄栀子，龙胆目茜草科。为常绿灌木，枝叶繁茂，叶色四季常绿，花芳香。单叶对生或三叶轮生，叶片倒卵形，革质，翠绿有光泽。浆果卵形，黄色或橙色。栀子花喜光照充足且通风良好的环境，但忌强光暴晒。

山东滨州北海政务中心植物绿墙

项目地点：中国，山东，滨州

设计单位：深圳市铁汉一方环境科技有限公司

设计师：陈俊、郭琼莹

项目面积：室内绿墙 371.87 平方米、室内花园 441 平方米

摄影：铁汉一方

植物：春羽、展叶鸟巢蕨、红钻、蝴蝶兰、青纹竹芋、袖珍椰子、吉姆蕨、紫边豆瓣绿、白掌、红皱椒草、波斯顿蕨、密叶朱蕉、翠叶竹芋、金童子合果芋、花叶薜荔、金钻、迷你鸭脚木、红美丽竹芋、金帝王、油点木、阿波罗银线蕨、彩虹蕨、夏威夷椰子

项目描述

滨州北海政务中心位于山东省滨州市北海新区北海大街，建筑空间色调偏冷，绿化面积偏少，品种单一，整体空间氛围偏生硬。绿色植物的加入，能使整体建筑空间更加生态，为办公空间营造一个绿色、生态的空间氛围。

室内主要空间场所动静分区不明显，功能分区不够清晰，造成空间利用率不高。所以设计师将一楼大厅设计成动静结合的半开放式功能区。左侧平台设置可以工作沟通的安静的平台，右侧平台设计成适合游玩的游园式平台花园。

一楼入口处绿墙的植物以曲线形式排列分布，构成流动的曲线为入口处带来活力。植物以自然形式排列分布，多层次植物组合搭配，营造丰富的生态景观，构成天然舒畅的景致，为室内空间增添生态气息。三楼绿墙以绿色为基调，搭配以大叶植物，以简约线条为主，风格明快活泼。五楼绿墙以45度弧线构图，形式感强，极具视觉冲击力，营造明朗的氛围。

一楼中庭绿墙采用了不同大小叶型的植物，以不规则形式错落分布，层次丰富，营造出生态自然的氛围。多种植物的使用，丰富了绿墙层次。大尺寸的绿墙给人以磅礴大气之感，非常适合置于中庭等大空间之中，也会成为整栋建筑的一个景观亮点，令来客为之赞赏和惊叹。两侧设计了竖条状的植物墙，辅以清新自然的植物搭配，如绿色瀑布垂挂而下，植物交错生长，层次丰富，整体风格素雅宁静，宛如置身于美丽花园。

内庭栏杆处的植物随着建筑走势延伸，匍匐于中庭建筑内侧墙壁，像一条条绿色的丝带，软化建筑硬朗的线条，为室内增添绿化体量，给建筑带来一丝活力。

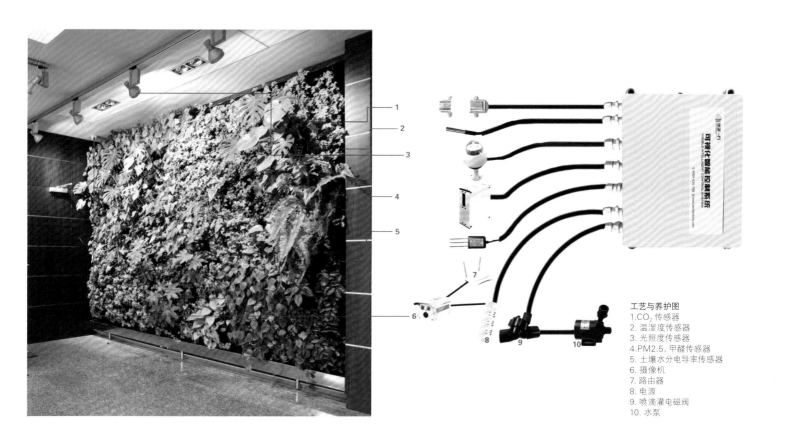

工艺与养护图

1. CO$_2$ 传感器
2. 温湿度传感器
3. 光照度传感器
4. PM2.5、甲醛传感器
5. 土壤水分电导率传感器
6. 摄像机
7. 路由器
8. 电源
9. 喷滴灌电磁阀
10. 水泵

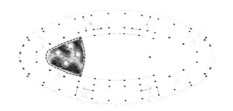

左侧平台平面图
1. 入口
2. 木质座椅
3. 休闲座椅
4. 特色花池
5. 植物组团

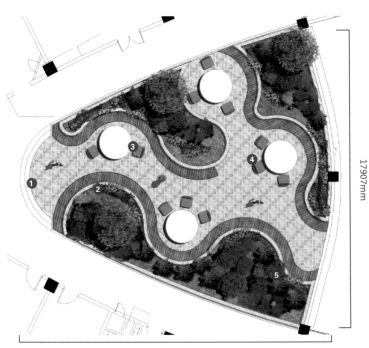

17907mm

19020mm

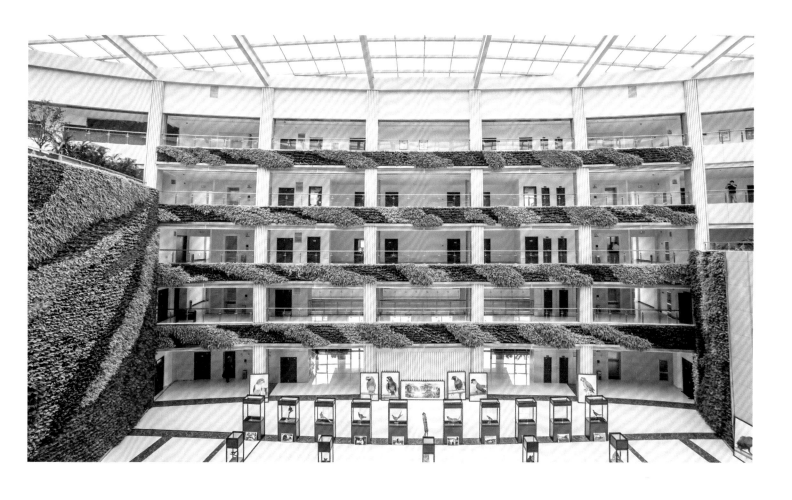

铁汉一方办公室

项目地点：中国，广东，深圳
设计单位：深圳市铁汉一方环境科技有限公司
主持景观设计师：秦丙寅
业主：深圳市铁汉一方环境科技有限公司
摄影：吕金翼、丁朝盼
植物：枯木、凤梨、兰花、蕨类、苔藓、果蔬

项目描述
铁汉一方力求打造最美办公室。

"一方森林"
苔藓、枯木、火山岩、蕨类、兰花，犹如阿凡达星般的景色。奇妙的意境，治愈工作的疲惫。

"一方禅意"
无庙宇殿堂的庄严、无香火的旺盛，但神隐于这绿意中，也别有一番境界。

"一方植己"
人生得一知己足矣！植物知己，知你懂我！在一面小小的墙上，将圣女果、卷心菜、七彩山椒、萝卜种于其上。

枯木、凤梨、兰花、蕨类，甚至是苔藓、果蔬，这些原本大多数都是在地面上的植物，现在能够种植在办公室的垂直墙面上，不仅要依靠合理的种植结构，还要有智能的滴灌技术。

铁汉一方为办公室的绿墙提供了智能水肥控制系统。这套控制系统整体将水肥混合，通过滴管技术直接输送到植物根部。通过这套智能简便的系统，铁汉一方的办公室绿墙项目可以做到自我清洁和自动控制，确保苗木存活率，大大降低后期养护的成本。让养护工作变得轻松简单。

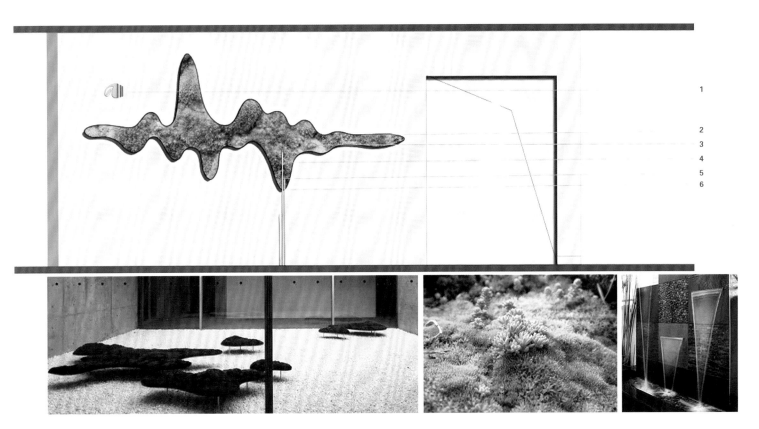

主题———一方云隐
1. 亚克力 LOGO
2. 黑色不锈钢
3. 多肉植物
4. 苔藓
5. 流水
6. 暗藏发光带

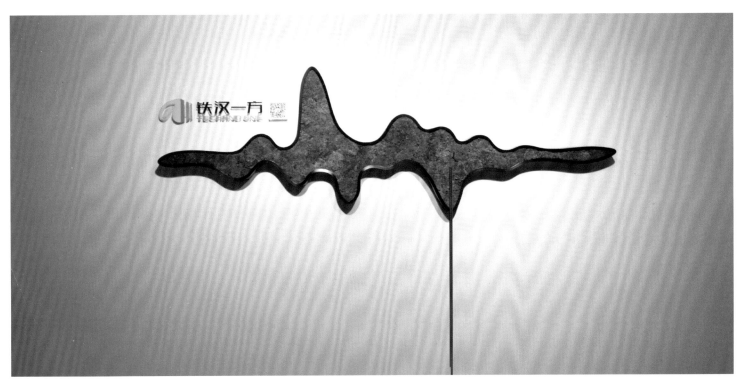

1

2

3

4

主题三——一方匠心

主题三——一方匠心
1. 亚克力追光板
2. 工艺模块
3. 微景观

1

2

3

深交所办公区立体绿化

项目地点：中国，广东，深圳
设计单位：深圳市铁汉一方环境科技有限公司
主持景观设计师：秦丙寅
项目面积：195平方米
摄影：吕金翼

项目描述

生态绿墙：

深交所办公区位于深圳市深南大道深圳证券交易所营运中心。整个办公区间由铁汉一方设计施工，尽显生态理念：前台的大片垂直绿化墙，绿化展示区内的垂直绿化、多肉植物、水生植物相映成趣，加之内部水循环系统等，构建了一个环境优雅、生趣盎然的室内森林。

设计理念：

树是生命力和耐力的象征，具有生生不息和不断开枝散叶的特点。该项目以"以树之名"为设计主题，除了反映其处的生态环境建设领域的行业属性之外，更寓意铁汉攻坚克难，如树木一般不断成长壮大。

深交所办公区总建筑面积为 1450 平方米，使用面积为 660 平方米。其中，室内垂直绿化达 195 平方米，铁汉一方的多项垂直绿化技术在此得到运用，包括首次使用的海绵模块工艺、智能控制系统及天花吊顶绿化等多种工艺及技术。

为解决室内无法排水的问题，铁汉一方特地设计了一整套内部循环系统。该系统可将多余的水二次利用，进行再灌溉。同时，办公区还将 GRC 悬浮造型与绿墙成功结合，此方法将植物叶片以下的部位隐藏起来，达到更美观、安全的效果。

此外，办公区还能实时进行室内空气质量检测，并将每天检测到的数据与深圳市空气质量数据形成对比，每天予以展示。

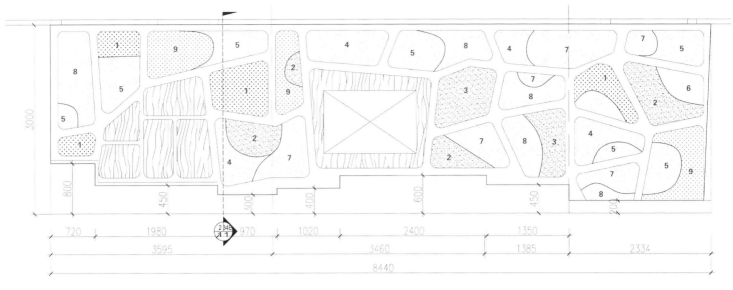

35 层大办公室垂直绿化植物配置立面图 1
1. 绿萝
2. 金绿萝
3. 波士顿蕨
4. 小龟背竹

5. 红掌
6. 白掌
7. 金钻
8. 太阳神
9. 皱叶冷水花

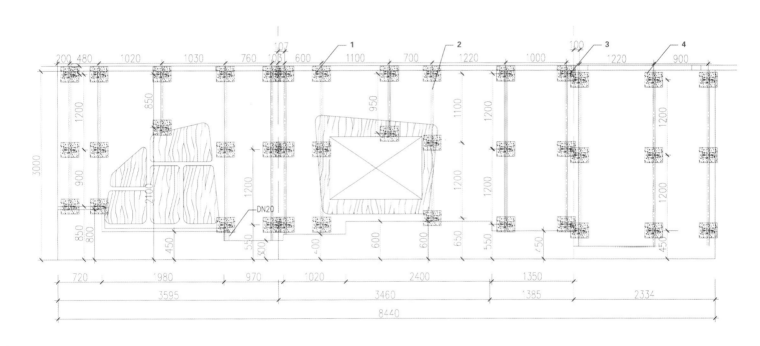

35 层大办公室垂直绿化结构布置立面图 1
1. 40x40x4mm 镀锌角钢
2. 40x40x4mm 镀锌方通
3. M12 膨胀螺栓
4. 150x300x300mm 厚 C25 预制混凝土块

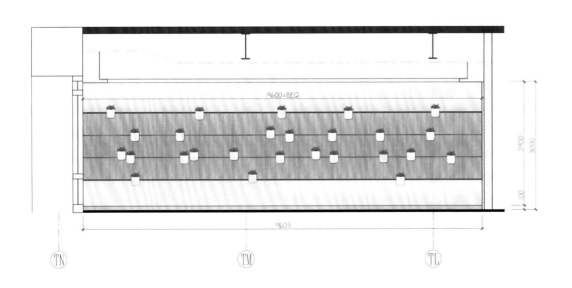

35 层投融资中心立面图

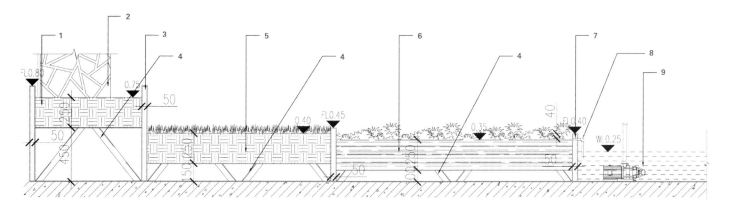

35 层大办公室水生态展示区植物布置剖面图
1. 6 号现代农业区
2. 爬藤牵引木格栅
3. 厚不锈钢
4. 40x40mm 镀锌角钢
5. 5 号多肉植物展示区
6. 人工湿地区
7. 泄流孔（导向 7 号区）
8. DN20 不锈钢管
9. 7 号区沉水植物种植水塘

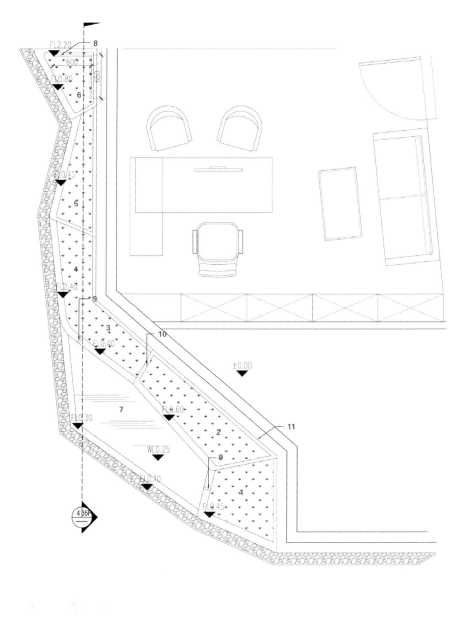

35 层大办公室水生态展示区植物布置平面图
1. 1 号区，水生蔬菜种植区，计划种植品种：空心菜
2. 2 号区，垂直流人工湿地展示区，计划种植品种：鸢尾
3. 3 号区，表流人工湿地区，计划种植品种：千屈菜、泽泻
4. 4 号区，表流人工湿地区，计划种植品种：千屈菜、泽泻
5. 5 号区，多肉植物展示区，计划种植品种：白色石英砂配多肉植物
6. 6 号区，现代农业区
7. 7 号区，沉水植物种植水塘，计划种植品种：苦草
8. 爬藤牵引木格栅
9. 泄流孔（导向 7 号区）
10. 泄流孔（导向 3、4 号区）
11. 厚不锈钢，打磨焊缝，银灰色氟碳喷涂
    种植土使用容重不超过 10 的轻质土，厚度不超过 25 厘米

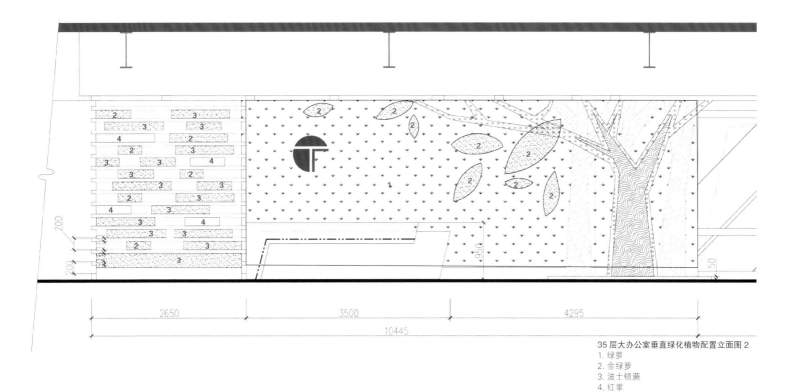

35 层大办公室垂直绿化植物配置立面图 2
1. 绿萝
2. 金绿萝
3. 波士顿蕨
4. 红掌

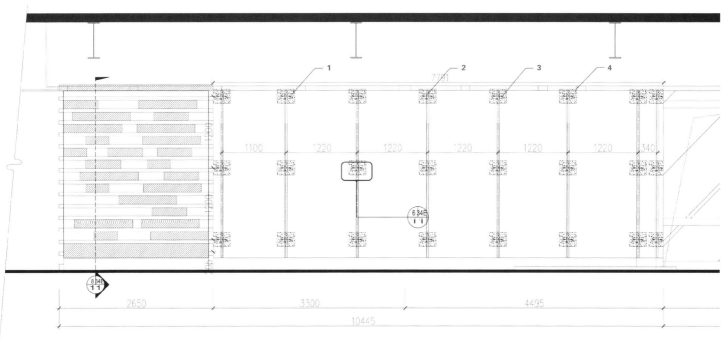

35 层大办公室垂直绿化结构布置立面图 2
1.40x40x4mm 镀锌角钢
2.40x40x4mm 镀锌方通
3.M12 膨胀螺栓
4.150x300x300mm 厚 C25 预制混凝土块

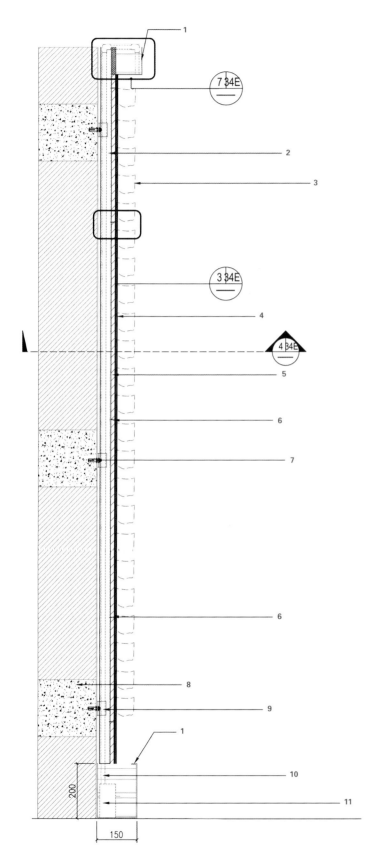

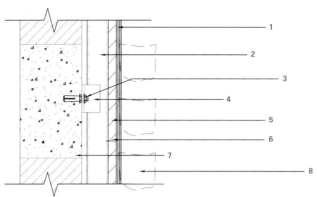

节点大样
1. 厚毛毡（不锈钢码钉链接发泡板）   5.15mm 厚 PVC 发泡板
2.40x40x4mm 镀锌方通   6. 不锈钢自攻螺丝
3.M12 膨胀螺栓   7.240x300x300mm 厚 C25 预制混凝土块
4.40x40x4mm 镀锌角钢   8. 种植口袋

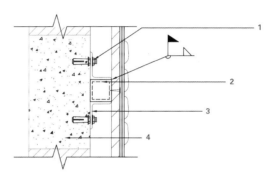

节点大样
1.M12 膨胀螺栓
2.40x40x4mm 镀锌方通
3.40x40x4mm 镀锌角钢
4.240x300x300 厚 C25 预制混凝土块

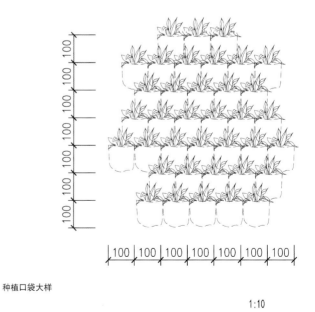

种植口袋大样

1:10

垂直绿化剖面图
1. 不锈钢收水槽，打磨焊接，银灰色氟碳喷涂   6. 不锈钢自攻螺丝
2.40x4mm 镀锌方通   7.M12 膨胀螺栓
3. 种植口袋   8.150x300x300mm 厚 C25 预制混凝土块
4. 厚毛毡（不锈钢码钉链接发泡板）   9.40x40x4mm 镀锌角钢
5. PVC 发泡板   10.DN20 PVC 管
                                              11. 水泵

上海凌空 SOHO 6 号楼 701 室植物墙

项目地点：中国，上海
设计单位：上海翁记环保科技有限公司、上海效度实践建筑景观设计有限公司
项目面积：13 平方米
摄影：上海翁记环保科技有限公司
植物：仙羽蔓绿绒、鸟巢蕨、袖珍椰子、豹眼竹芋、鸭脚木、红钻、白掌、绿宝、龟背竹、黑天鹅观音莲、银斑万年青、孔雀竹芋、肾蕨、虎皮兰、天门冬、波士顿蕨

项目描述

凌空 SOHO 所在的上海虹桥临空经济园区，毗邻虹桥综合交通枢纽，区域内有超过 800 家企业总部，是连接整个泛长三角地区最具活力和辐射力的国际化商贸总部聚集区。占地 8.6 万余平方米，总建筑面积约 35 万平方米，12 栋建筑被 16 条空中连桥连接成一个空间网络。为了保证室内空气质量，SOHO 采用了新风过滤系统，办公室内新风的 PM2.5 过滤效果达到 90%，远远超出国家标准，为室内人群提供洁净的空气。

该项目为上海翁记环保科技有限公司与上海效度实践建筑景观设计有限公司共同合作打造的位于上海效度实践建筑景观设计有限公司室内形象墙。应效度实践公司方要求，在体现节能生态功能的同时将植物形象墙布置成热带雨林风格绿墙，采用种植板与种植盒系统混搭施工工艺和循环滴灌的滴灌技术，室内补光采用的色衰较小的、植物利用率最高的正白光金卤灯进行补光，植物日常养护仅需在蓄水槽内加水、植物过长叶片或是黄叶修剪等简单操作即可。绿墙主体部分采用种植板种植热带雨林植物，蔬菜种植部分采用种植盒种植豆芽、生菜等蔬菜进行室内蔬菜养殖。

为了重现热带雨林生态系统中生命的张力，绿墙主体部分按照植物喜光性和需水量的自然规律大胆采用大株型的植物进行自然分布，并引进了天门冬、虎耳草等室外耐阴植物进行室内种植，营造视觉冲击力的同时丰富了室内绿墙的植物品种。

蔬菜种植部分采用种植盒悬挂系统，基质采用混合基质进行蔬菜养殖，该部分采取补强光、控湿度等技术手段，实现了蔬菜室内墙面养殖，丰富了绿墙的实际功能。

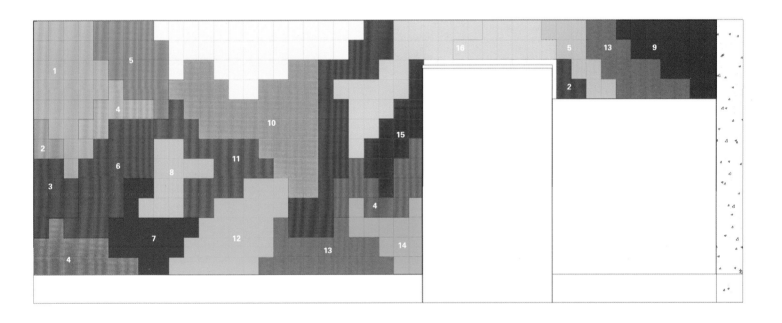

植物配置图
1. 仙羽蔓绿绒
2. 鸟巢蕨
3. 袖珍椰子
4. 豹眼竹芋
5. 波斯顿蕨
6. 鸭脚木
7. 红钻
8. 白掌
9. 绿宝
10. 龟背竹
11. 黑天鹅观音莲
12. 银斑万年青
13. 孔雀竹芋
14. 肾蕨
15. 虎皮兰
16. 天门冬

上海视觉艺术学院电梯间植物墙及会议室植物墙屏风

项目地点： 中国，上海

设计单位： 上海翁记环保科技有限公司

项目面积： 32.5平方米（电梯间植物墙14平方米，会议室植物墙屏风18.5平方米）

摄影： 上海翁记环保科技有限公司

植物： 波斯顿蕨、吊竹梅、马蹄金吊兰、绿萝、铁线蕨、鸭脚木、龟背竹、袖珍椰子、白掌、红掌、合果芋、金钻、红粉佳人、九里香

项目描述

德稻教育秉持"智慧、采集、传承"的核心价值观，先后汇聚了全球 24 个国家和地区的 500
余位兼具业界经验与学界地位的行业大师，对智慧进行科学化、系统化地采集，传承大师的
行业经验和隐性知识，并提供系统化的课程设计和综合教学服务，帮助高校和教育机构提升
国际化程度和教育教学水平。2013 年德稻教育与上海视觉艺术学院（SIVA）基于对国际化
办学模式和国际化人才培养的积极探索与创新，开办"SIVA·德稻实验班"校企合作专业共
建项目，获得了国内外设计与艺术领域的广泛认可。

绿墙对于德稻大师楼这样一个汇聚全球智慧、处于设计前沿的公司来说自然不陌生，在 15
楼绿墙项目实施之前，德稻大师楼六楼已有一面由瑞典公司实施的绿墙。接到绿墙设计任务
后，绿墙设计小组多次到实地勘察、感受世界级大师工作室的灵感之源，设计之光。经过美
籍湿地大师李若云（中文名）的点拨，此次绿墙设计整体采用颜色较为接近、质感较强的植
物进行组景，体现了德稻有内涵而不张扬的个性，局部以颜色鲜艳的红掌进行点缀，为整体
空间营造出活泼、现代、友好的氛围。

由于此项目为后期改造工程，没有事先预留给水管、排水口，整体采用循环灌溉系统进行滴灌。
电梯间植物墙原有墙面有多处开关，为了保证绿墙的实施，施工组制作了多个不锈钢防水边
框对开关进行围合，保证绿墙整体美观性的同时，又保证了墙体原有的功能性。如今该绿墙
已度过两年漫长的养护期，植物生长茂盛，俨然成为 15 楼一道亮丽的风景线，迎接各地学
子前来学习交流。

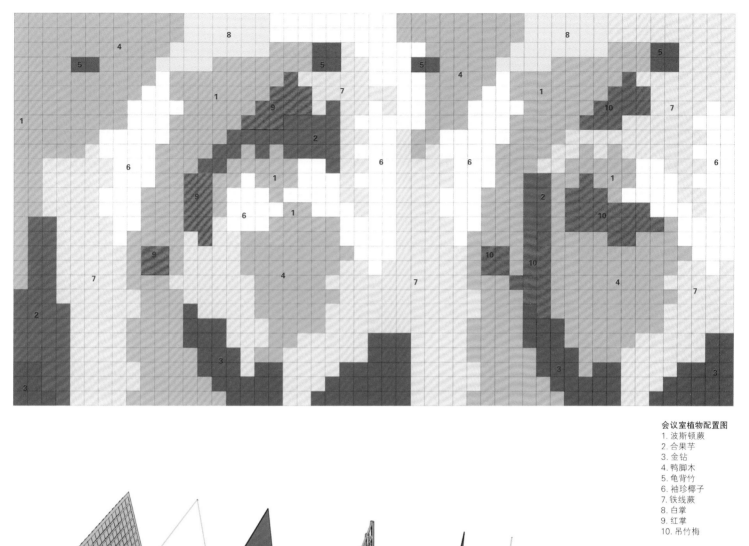

会议室植物配置图
1. 波斯顿蕨
2. 合果芋
3. 金钻
4. 鸭脚木
5. 龟背竹
6. 袖珍椰子
7. 铁线蕨
8. 白掌
9. 红掌
10. 吊竹梅

会议室植物屏风结构图
1. 植物种植袋
2. 循环灌溉系统
3. 支撑钢架及水槽
4. PVC 防水板

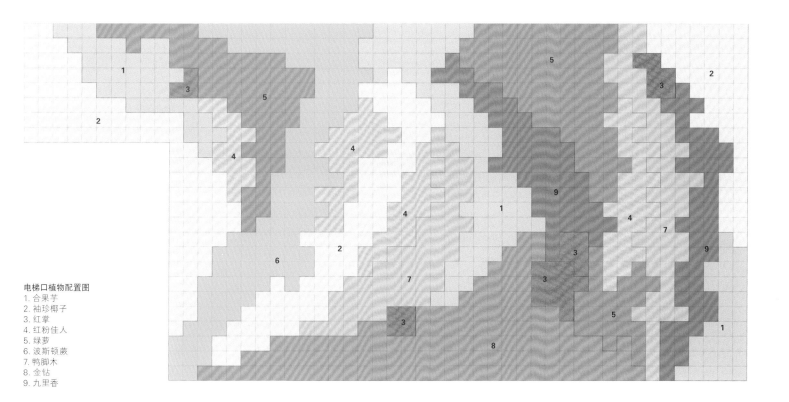

电梯口植物配置图
1. 合果芋
2. 袖珍椰子
3. 红掌
4. 红粉佳人
5. 绿萝
6. 波斯顿蕨
7. 鸭脚木
8. 金钻
9. 九里香

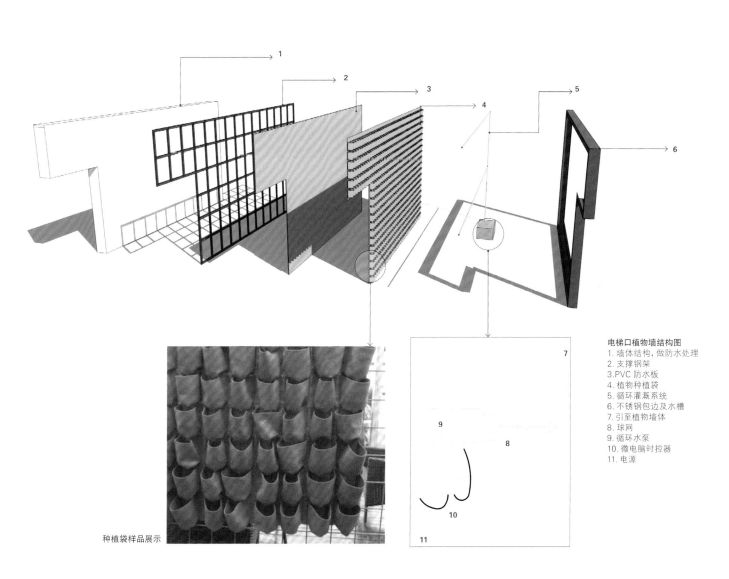

种植袋样品展示

电梯口植物墙结构图
1. 墙体结构，做防水处理
2. 支撑钢架
3. PVC 防水板
4. 植物种植袋
5. 循环灌溉系统
6. 不锈钢包边及水槽
7. 引至植物墙体
8. 球网
9. 循环水泵
10. 微电脑时控器
11. 电源

225

万科总部集装箱

项目地点：中国，广东，深圳
设计单位：深圳市润和天泽环境科技发展股份有限公司
主持设计师：赵可铸
项目面积：30 平方米
摄影：赵聆汐
植物：美心竹芋、粉蝴蝶、鹿角蕨、花叶万年青、太阳神、翠叶竹芋、小春宇、
红掌、孔雀竹芋、如意皇后、观音莲、仙洞龟背竹、红金钻、龟背竹、花叶合果
芋、袖珍椰子、金绿萝、金钻、展叶巢蕨、滴水观音、粉黛万年青、红侠粗肋草、
黄金宝玉、绿萝、红星凤梨、白雪公主粗肋草、金帝王、绿魔万年青、百合竹、
万年红

项目描述

万科中心总部，地处大梅沙旅游度假区，是一个集办公、住宅和酒店等功能为一体的大型建筑群，为美国著名建筑设计师 Steven Holl 所设计，是深圳市第一批建筑节能及绿色建筑示范项目。基于资源循环利用的绿色主题，根据钢结构体系系列研发的需要，该项目指定集装箱为设计元素。在万科 30 周年华诞之时，立于万科中心入口处的万科集装箱博物馆，便成了它向外界展示万科 30 年成长历程的一个平台。

此项目为万科集装箱博物馆内的一个 7 米多高的植物墙，以森林中无拘的绿意为设计元素，在组合搭配方式上显得更无拘无束、自由奔放。通过模仿热带雨林植物生境，采用丰富的植物品种，通过色彩各异、叶面质感不一的植物搭配，展现了热带雨林植物蓬勃的生命力，当体验者置身该展馆中时，犹如进入热带雨林世界，使人能够尽情地放松身心。30 种叶面形状迥异、花色不一、喜好各异的植物相互穿插搭配，似有序又似无法则。绿意盎然、原生态的气息自然地与周围的环境相融合，浓郁的咖啡香混搭清新的绿叶香，别是一番风味。远看和谐近有趣，高低上下各不同，不识绿墙真面目，只缘身在绿林中。

博物馆中展示的各类文物、史料等是印证万科发展各阶段的成长变化；而处于馆内最显眼位置的植物墙，30 种的植物不仅是一个数字的存在，而且也寓意着万科成立 30 周年，在这 30 年的历程中，经历过风雨，从不起眼的小苗长成如今的繁花似锦。

植物配置图

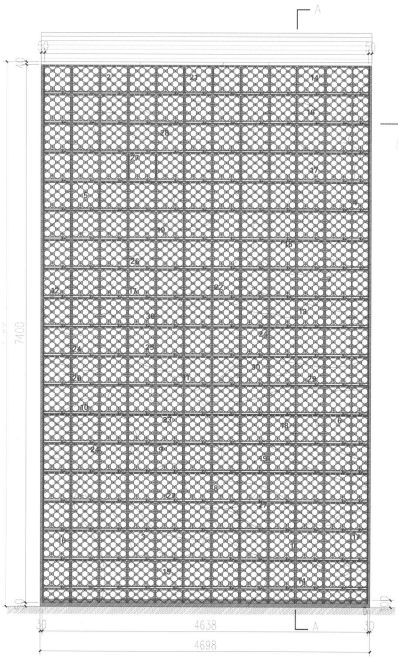

植物配置图
1. 美心竹芋
2. 粉蝴蝶
3. 鹿角蕨
4. 花叶万年青
5. 太阳神
6. 翠叶竹芋
7. 小春羽
8. 红掌
9. 孔雀竹芋
10. 如意皇后
11. 观音莲
12. 仙洞龟背竹
13. 红金钻
14. 龟背竹
15. 花叶合果芋
16. 袖珍椰子
17. 金绿萝
18. 金钻
19. 展叶巢蕨
20. 滴水观音
21. 粉黛万年青
22. 红侠粗肋草
23. 黄金宝玉
24. 绿萝
25. 红星凤梨
26. 白雪公主粗肋草
27. 金帝王
28. 绿魔万年青
29. 百合竹
30. 万年红

艾康酒店垂直花园

项目地点：中国，香港
设计单位：帕特里克·布朗垂直花园设计公司
设计师：帕特里克·布朗
摄影：帕特里克·布朗垂直花园设计公司

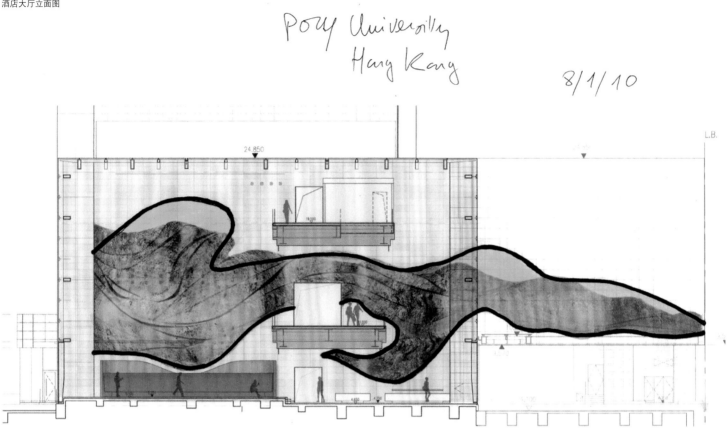

Poly University
Hong Kong

8/1/10

项目描述

该项目是帕特里克·布朗为香港艾康酒店设计的垂直花园。项目位于酒店大厅内，精心挑选的植物蜿蜒贯穿于墙面上，可以让步入大厅的客人眼前一亮，犹如步入了室内花园之中，在室内就可以感受到大自然的清新。

汉京九榕台边坡绿化

项目地点：中国，广东，深圳
景观设计：户田芳树
主持景观设计师：秦丙寅
项目面积：3000 平方米
摄影：吕金翼
植物：黄金叶、鹅掌柴、花叶鹅掌柴、栀子花、山胡椒、越南叶下珠、九里香、
鸳鸯茉莉、红背桂、肾蕨、红继木、雪花木

项目描述

汉京九榕台垂直绿化项目是总面积超过 3000 平方米的景观式边坡工程。铁汉一方依托山势，提出坡面立体绿化方案，让室外整体的生态艺术园形成一体化的设计，尽显自然、生态的品位。汉京九榕台在城市和绿色文脉之间寻找到最完美的结点，宁静之外渗透一份恬静，静谧生活由此开始，生命安放于自然间。

汉京九榕台垂直绿化被誉为最美的边坡绿化，采用模块化垂直绿化处理边坡景观，是一次大胆的尝试，其最终呈现的景观效果也是令人惊艳的。该项目采用模块式垂直绿化工艺，研制出可以满足大部分墙面绿化植物生长要求的通用基质配方，精心挑选苗木，确保植物生长所需环境，有效养护植物生长空间。

在植物的选择方面，铁汉一方通过人工培育和反复实验，针对户外立体绿化项目甄选出：黄金叶、鹅掌柴、花叶鹅掌柴、栀子花、山胡椒、越南叶下珠、九里香、鸳鸯茉莉、红背桂、肾蕨、红继木、雪花木和红花继木等 20 种园艺植物。通过精心挑选的苗木，铁汉一方的立体绿化项目不仅可以保证视觉上的美感，也可以确保苗木存活率，大大降低后期养护的成本。

汉京九榕台的坡面绿化，除了有工艺、基质和苗木上的三重保障，铁汉一方还为该项目提供了智能水肥控制系统。这套控制系统整体将水肥混合，通过滴管技术直接输送到植物根部。通过这套智能简便的系统，铁汉一方的坡面绿化项目可以做到自我清洁和自动控制，让养护工作变得轻松简单。

手绘图

手绘图

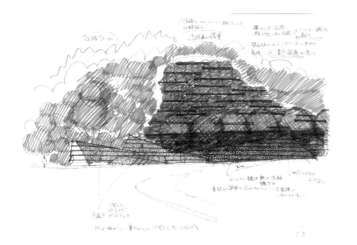

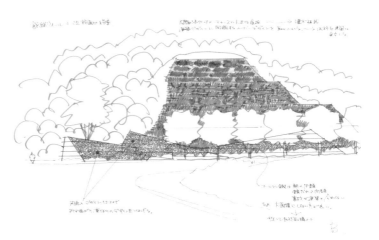

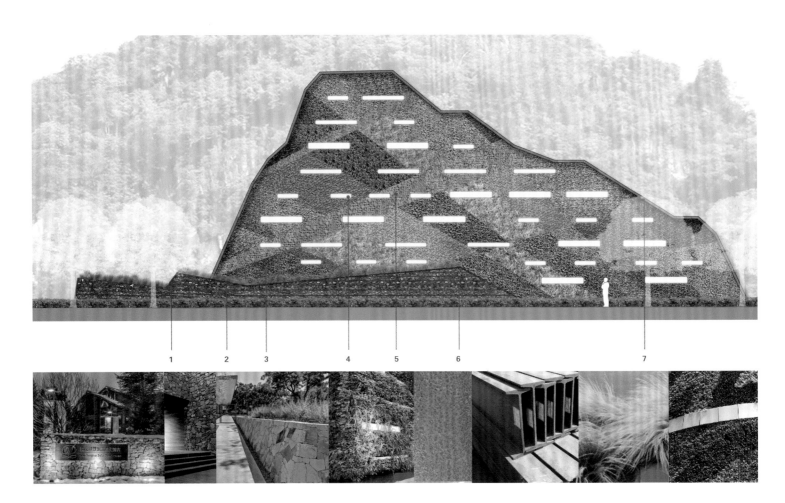

汉京九榕台边坡绿化项目方案设计图纸
1. 锈色工字钢
2. 毛石挡墙
3. 观赏草
4. 灯箱（或石材饰面）
5. 垂直绿墙
6. 灯光 LOGO
7. 耐候钢板收边

鹅掌柴

鹅掌柴，常绿灌木。分枝多，枝条紧密。掌状复叶，小叶5~8枚，长卵圆形，革质，深绿色，有光泽。圆锥状花序，小花淡红色，浆果深红色。是热带、亚热带地区常绿阔叶林常见的植物。

红背桂

红背桂，即红背桂花，为大戟科常绿小灌木，因其叶背为红色得名。是一种实用价值较高的观叶、观花植物，常用于盆栽，置于窗台、阳台或庭园。

红花继木

红花继木，别名红继木，为金缕梅科，常绿灌木或小乔木。树皮暗灰或浅灰褐色，多分枝。嫩枝红褐色，密被星状毛。叶革质互生，卵圆形或椭圆形，先端短尖，基部圆而偏斜，不对称，暗红色。花瓣4枚，紫红色线形，花3~8朵簇生于小枝端。蒴果褐色，近卵形。

花叶鹅掌柴

花叶鹅掌柴，五加科鹅掌柴属的常绿灌木或小乔木。掌状复叶，小叶7~10枚，革质，长卵圆形或椭圆形，叶绿色，叶面具不规则乳黄斑、白斑。性喜暖热湿润气候，生长快，用种子繁殖。植株紧密，树冠整齐优美可供观赏用。生长适温20℃至30℃。

黄金叶

黄金叶，叶长卵圆形，色金黄至黄绿，常绿灌木，枝下垂或平展，卵椭圆形或倒卵形。生长期水分要充足。适于种植作绿篱、绿墙、花廊，或攀附于花架上，或悬垂于石壁、砌墙上，均很美丽。枝条柔软，耐修剪，可卷曲为多种形态，作盆景栽植。

九里香

九里香，别称石辣椒、九秋香、七里香、千里香、万里香、黄金桂、月橘等。属常绿灌木，有时可长成小乔木样，株姿优美，枝叶秀丽，花香浓郁。常见于离海岸不远的平地、缓坡、小丘的灌木丛中。喜生于沙质土、向阳地方。

山胡椒

山胡椒，别名牛筋树、假死柴、野胡椒、香叶子，落叶灌木或小乔木，高可达5~6米。树皮灰白色，嫩枝带红色。单叶互生，阔椭圆形至倒卵形，全缘，下面粉白色，密生灰色细毛。伞形花序腋生，花黄色。核果球形，成熟时黑色。喜光，耐干旱瘠薄，对土壤适应性广。

肾蕨

肾蕨，附生或土生。根状茎直立，被蓬松的淡棕色长钻形鳞片，下部有粗铁丝状的匍匐茎向四方横展，匍匐茎棕褐色，不分枝，有纤细的褐棕色须。叶簇生，暗褐色，略有光泽，叶片线状披针形或狭披针形，干后棕绿色或褐棕色，光滑。喜温暖潮润和半阴环境，忌阳光直射。

雪花木

雪花木，常绿小灌木，株高约50~120厘米，枝条暗红色。叶互生，圆形或阔卵形，白色或有白色斑纹。嫩时白色，成熟时绿色带有白斑，老叶绿色。花小，花有红色、橙色、黄白等色。喜高温，耐寒性差。需全日照或半日照。栽培宜用疏松肥沃、排水良好的砂质土壤。

鸳鸯茉莉

鸳鸯茉莉，常绿矮灌木，高50至100厘米，单叶互生，花大多单生，少有数朵聚生的。花冠呈高脚碟状，有浅裂，花期4月至10月，单花开放5天左右。花朵初开为蓝紫色，渐变为雪青色，最后变为白色，由于花开有先后，在同株上能同时见到蓝紫色和白色的花。

越南叶下珠

越南叶下珠，大戟科，小灌木，多分枝。树皮黄褐色或灰褐色，小枝具棱，单叶互生，或3片着生在小枝的极短凸起上，宛如簇生。叶小，近革质，倒卵形或矩圆形，花期在4月份。蒴果扁球形，具3纵沟，直径5毫米。

栀子花

栀子花，又名栀子、黄栀子。属茜草科，为常绿灌木，枝叶繁茂，叶色四季常绿，花芳香。单叶对生或三叶轮生，叶片倒卵形，革质，翠绿有光泽。浆果卵形，黄色或橙色。栀子花喜光照充足且通风良好的环境，但忌强光暴晒。

嵊州大道高速出口边坡绿化景观

项目地点：中国，浙江，绍兴

设计及施工单位：南京万荣园林实业有限公司

项目面积：7200 平方米

摄影：绿空间立体绿化团队

植物：大花六道木、金森女贞、小叶栀子、火焰南天竹、红花继木、茶梅、大叶黄杨、扶芳藤、金边黄杨

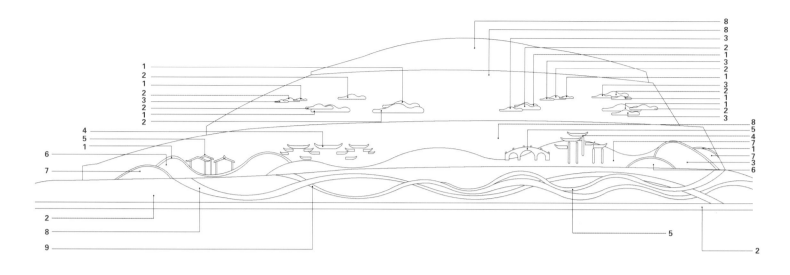

嵊州大道高速出口边坡绿化植物配置图
1. 大花六道木
2. 金森女贞
3. 小叶栀子
4. 火焰南天竺
5. 红花继木
6. 茶梅
7. 大叶黄杨
8. 扶芳藤
9. 金边黄杨

项目描述

嵊州大道高速出口边坡绿化景观工程项目位于嵊州市的北大门，是老城环境整治改造的主要节点之一，采用立体绿化技术对既有边坡实现生态修复和绿化景观改造。项目实施面积约 7200 平方米，边坡总高度约 32 米，分为四层台坡，坡度在 50~80 度不等。

整个景观方案分为上中下三部分，将嵊州山水诗画元素融入植物造型与亮化设计之中，充分体现了嵊州的人文风情和文化内涵。下部采用蜿蜒飘逸的线条表现剡溪和水袖：以不同色彩植物勾勒出植物板块的线条轮廓，宛若穿城而过的剡溪横贯南北，越剧中飘逸的水袖缠绕其间。中部表现绿水青山人家，植物和灯带刻画出古镇风貌：建筑，小桥，绿水环绕，青山连绵。上部通过姿态轻盈的植物板块表现白云，在绿树蓝天的映衬下"中国·嵊州"四个朱红大字气势磅礴。上中下形成一幅简约大气的山水画，激发人们对自然的热爱，对生活的热爱。入夜后，明亮醒目的发光字、线条流畅的柔性 LED 光带以及点缀其间的泛光灯，星星点点与上下连成整体，隐约照亮周边植物，照亮嵊州北大门的出入口。在植物配置方面，主要采用了扶芳藤、金森女贞、大叶黄杨、大花六道木、小叶栀子等植物用于表现各个元素。

在技术方案方面，根据上下两部分不同的基底，针对性提出了两个技术形式：上部蜂窝状的水泥框格内种植土壤由于重力、风力及雨水冲刷作用下，出现流失，影响栽植在护坡上的植物生存的情况。设计师专门设计和提出了一种用于网格生态护坡的种植袋及框格边坡生态袋绿化系统，专门解决该网格生态护坡绿化，既能起到护坡作用，同时能恢复生态，保护环境。下部硬质坡体设计采用了 VPM 种植框体技术，并配备了精准水肥一体的滴灌系统和智能远程控制监测系统。该技术体系在长三角地区有可靠的应用案例，具有成熟的前期栽培、现场施工和养护管理经验，多年来植物生长茂盛，系统运行稳定。

该项目为典型的边坡生态修复与城市景观相结合的案例，在设计和施工过程中，设计师紧密结合生态和景观的各个要素、综合运用立体绿化的各项技术，从甲方的需求出发，拿出切实可行的解决方案。实施过程克服计划工期短、不利天气影响大等困难，有效地组织了各项保障措施，顺利推进了各类原材料的采购和加工时间，保证施工进度。各分项工序的关键节点质量控制到位，最终使项目能如期保质完成。也为当今城市双修背景下的城市边坡生态修复提供了参考案例。

火焰南天竹

南天竹属，常绿灌木，无根状茎。大型圆锥花序顶生或腋生；花两性。浆果球形。叶互生，2~3回羽状复叶。喜温暖及湿润的环境，比较耐阴，也耐寒。容易养护。栽培土要求肥沃、排水良好的沙质壤土。对水分要求不甚严格，既能耐湿也能耐旱。

茶梅

茶梅，是山茶科、山茶属小乔木，嫩枝有毛。叶革质，椭圆形，上面发亮，下面褐绿色，网脉不显著；该种叶似茶，花如梅而得名。茶梅，体态秀丽、叶形雅致、花色艳丽、花期长、树型娇小、枝条开放、分枝低、易修剪造型。

大花六道木

大花六道木，忍冬科六道木属。叶金黄，略带绿心，花粉白色。生长快，花期长。华东、西南及华北可露地栽培。是较为珍贵的观赏性花灌木，从半落叶到常绿都有。大花六道木为六道木的矮化品种，目前国内已有引进，但数量非常有限。

扶芳藤

扶芳藤，卫矛科卫矛属常绿藤本灌木，高可达数米。叶椭圆形，长方椭圆形或长倒卵形，革质、边缘齿浅不明显，聚伞花序；小聚伞花密集，有花，分枝中央有单花，花白绿色，花盘方形，花丝细长，花药圆心形。6月开花，10月结果。

红花继木

红花继木，别名红继木，为金缕梅科，常绿灌木或小乔木。树皮暗灰或浅灰褐色，多分枝。嫩枝红褐色，密被星状毛。叶革质互生，卵圆形或椭圆形，先端短尖，基部圆而偏斜，不对称，暗红色。花瓣4枚，紫红色线形，花3 8朵簇生于小枝端。蒴果褐色，近卵形。

金边黄杨

金边黄杨，又名金边冬青卫矛、大叶黄杨。属常绿灌木或小乔木，小枝略为四棱形，枝叶密生，表面深绿色，叶缘金黄色，有光泽。聚伞花序腋生，具长梗，花绿白色。蒴果球形，淡红色，假种皮橘红色。金边黄杨喜欢温暖湿润的环境，对土壤的要求不严，能耐干旱，耐寒性强，栽培简单。

小叶栀子

小叶栀子，为常绿灌木。单叶对生或3叶轮生，叶片倒卵形，革质，翠绿有光泽。花白色，极芳香。浆果卵形，黄色或橙色。花期6~8月。性喜温暖，湿润，好阳光，但又要避免阳光强烈直射，喜空气温度高而又通风良好，要求疏松、肥沃、排水良好的酸性土壤。

大叶黄杨

大叶黄杨，灌木或小乔木，高0.6~2米，胸径5厘米；小枝四棱形，光滑、无毛。叶革质或薄革质，卵形、椭圆状或长圆状披针形以至披针形，叶面光亮，花序腋生，花期3~4月，果期6~7月。大叶黄杨喜光，稍耐阴，有一定耐寒力。对土壤要求不严，在微酸、微碱土壤中均能生长。

金森女贞

金森女贞，别名哈娃蒂女贞，木犀科、女贞属大型常绿灌木，花白色，果实呈紫色。春季新叶鲜黄色，至冬季转为金黄色，节间短，枝叶稠密。花期3至5月份，圆锥状花序，花白色。其为日本女贞的变种。

京基 100 广场绿化工程

项目地点：中国，广东，深圳
设计单位：深圳市润和天泽环境科技发展股份有限公司
设计师：赵聆汐
项目面积：320 平方米
摄影：赵聆汐
植物：鸭脚木、马樱丹、小蚌兰、黄金叶、九里香、红背桂、七彩竹芋、洒金榕、鸢尾、白纹山管兰、龟背竹、美丽变叶木、金边吊兰

项目描述

京基 100（KK100），楼高 441.8 米，共 100 层，深圳房企京基集团旗下的世界级地标，在平安国际金融中心建成前为深圳第一高楼、全球第八高楼，亦是全球第五金融中心的代言。由来自英国的两大国际著名建筑设计公司——TFP 和 ARUP 担纲设计。京基 100 这一代表了中国技术标高与精神象征的双重地标，在大厦的整体设计与建设过程中，采用 9.5：1 的高宽比，为国内摩天楼之最。京基 100 使用的钢板最大厚度达到了 130 毫米，大厦的用钢量达到了 6 万吨，这在深圳甚至全国来说都是首例，将所有的焊缝连接起来，累积长度可以绕地球赤道 4 周，并采用了强度与韧性更高的 C80 高强度水泥，这在国内的摩天楼里尚属首次。京基 100 作为深圳又一新地标，打破了赛格和地王的记录，是中国经济与技术发展的新体现。如今，京基 100 是深圳最高建筑地标之一，亦是世界上最高的城市综合体之一，更是全球第五金融中心的代言。

整个立体绿化工程项目采用钢架结构自行支撑的方式搭建，形似一座巨型的植物屏风，游弋于传统与现代之间，以自然隔断的装饰手法，将颇显年代感的老建筑不着痕迹地藏匿于视线之外。植物墙正面选用大量的色叶植物组拼，缤纷多彩，生机勃勃，无论是洒满阳光的白日，还是灯光迷离的夜晚，总是呈现一片欣欣向荣的绚丽景致。背面则是方形植物墙模块与铝隔栅的完美结合，以恢宏的尺度描摹植物与建筑的默契，折射时尚奢华的都市混搭意味。

该项目整套方案都是以大自然界的一草一木，一枝一干为设计元素，再用一花一草来表现，直接简单地表达这个淳朴的大自然。让整个商业公共空间与生态文化融为一体。

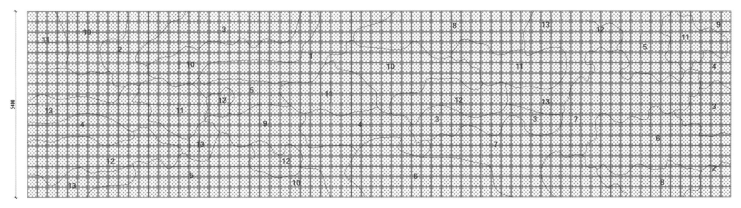

植物配置图
1. 鸭脚木　　　　　　　7. 七彩竹芋
2. 马樱丹　　　　　　　8. 洒金榕
3. 小蚌兰　　　　　　　9. 鸢尾
4. 黄金叶　　　　　　　10. 白纹山管兰
5. 九里香　　　　　　　11. 龟背竹
6. 红背桂　　　　　　　12. 美丽变叶木
　　　　　　　　　　　13. 金边吊兰

中海·天钻展示区垂直绿化

项目地点：中国，广东，深圳

设计单位：深圳市新西林园林景观有限公司、深圳风会云合生态环境有限公司（联合设计）

设计师：徐开升、徐建峰、孙健

施工单位：深圳风会云合生态环境有限公司

项目面积：1245.8 平方米

摄影：陈蕊

植物：毛杜鹃、龙船花、鸭脚木、花叶鸭脚木、肾蕨、大花芦莉、洒金变叶木、洒金榕、海南变叶木、栀子花、蒲葵、绿萝、大红花

项目描述

本项目由新西林和风会云合联合设计，风会云合施工、养护。项目为深圳市鹿丹村旧改项目，紧邻罗湖区万象城，项目周边配套成熟完善，项目北侧为滨河大道，南侧为香港米铺保护区，自然景观资源优越。项目由北侧绿植墙、西侧绿植墙、孔雀植物雕塑、时间轴植物雕塑组成，其中入口处精神堡垒绿墙高度达 12 米，绿墙长度共计 223 米，面积为 1245.8 平方米。

中海·天钻荣获 2015 年国际诺贝尔建筑奖，并获得华南地区首个 BREEAM 绿色建筑二星级认证，项目力求打造引领住宅景观未来十年潮流的住宅景观设计。

在深圳，美化最繁忙的交通主干线与住宅景观交界处景观绿化就意味着设计要将功能和美感融合在一起。该项目位于繁忙嘈杂的街道，设计之初的挑战是：降低交通道路传来的噪声，并为场地营造更多的静谧景观氛围。因此在设计上，北侧垂直绿

墙点缀着郁郁葱葱的绿色植物，近 60 米长、6 米高的绿墙将展示区与交通道路分离开，这样一来，滨河大道的繁华与展示区内部空间的寂静，形成鲜明的对比；西侧近 120 米长、4.5 米高的垂直绿墙设计采用了水景、装饰门框与绿墙相结合，在地库入口处设计了孔雀植物雕塑，给垂直绿墙的整体设计增添了一些节奏变化，同时，中和了周边交通主干线带来的紧张气氛，花香弥漫在整个水域和空气中，给人一种自然的温暖和亲切感，能让业主体会到，大自然的气息已经朝城市扑面而来。另外，绿墙的灯光设计，通过光的韵律使绿墙在夜晚更加突出。

智能操控下的全自动智能灌溉系统，保证了垂直绿墙生态系统的稳定性和持久性，并使维护成本降到最低，同时满足了甲方的需求和住户的审美期望。

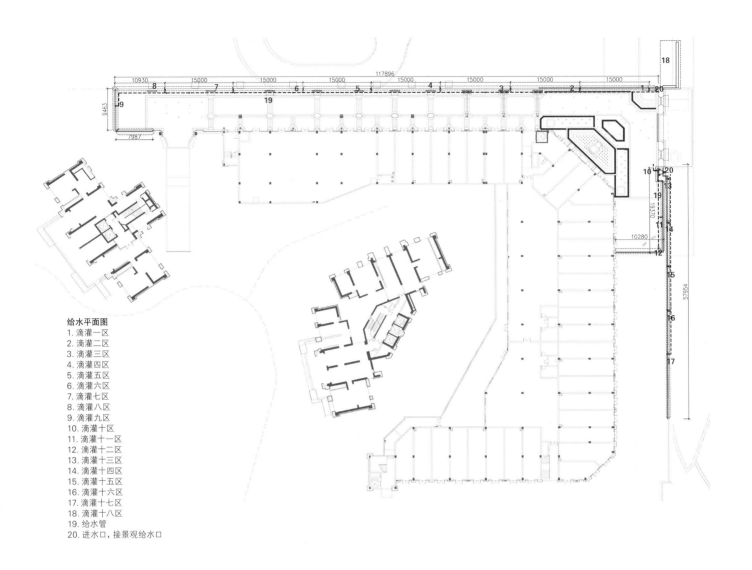

给水平面图
1. 滴灌一区
2. 滴灌二区
3. 滴灌三区
4. 滴灌四区
5. 滴灌五区
6. 滴灌六区
7. 滴灌七区
8. 滴灌八区
9. 滴灌九区
10. 滴灌十区
11. 滴灌十一区
12. 滴灌十二区
13. 滴灌十三区
14. 滴灌十四区
15. 滴灌十五区
16. 滴灌十六区
17. 滴灌十七区
18. 滴灌十八区
19. 给水管
20. 进水口，接景观给水口

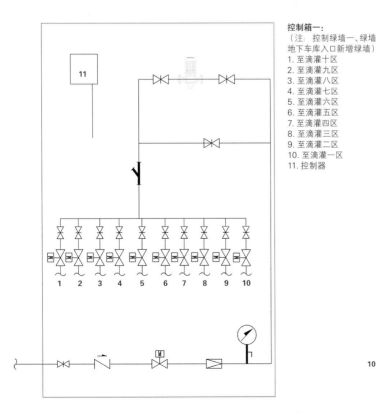

控制箱一：
（注：控制绿墙一、绿墙二、
地下车库入口新增绿墙）
1. 至滴灌十区
2. 至滴灌九区
3. 至滴灌八区
4. 至滴灌七区
5. 至滴灌六区
6. 至滴灌五区
7. 至滴灌四区
8. 至滴灌三区
9. 至滴灌二区
10. 至滴灌一区
11. 控制器

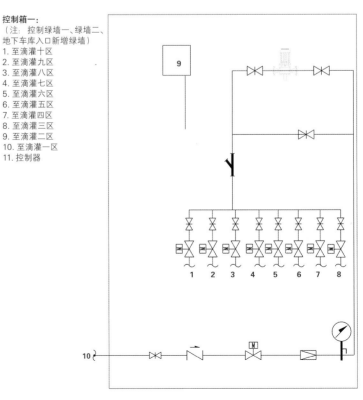

控制箱二：
（注：控制绿墙三至绿墙┼
1. 至滴灌十八区
2. 至滴灌十七区
3. 至滴灌十六区
4. 至滴灌十五区
5. 至滴灌十四区
6. 至滴灌十三区
7. 至滴灌十二区
8. 至滴灌十一区
9. 控制器
10. 接市政给水管

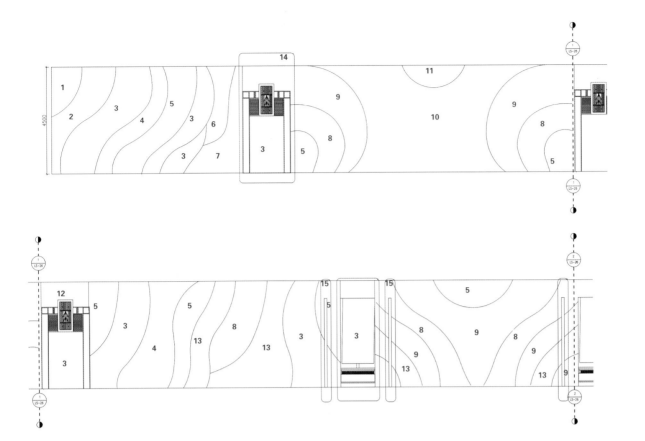

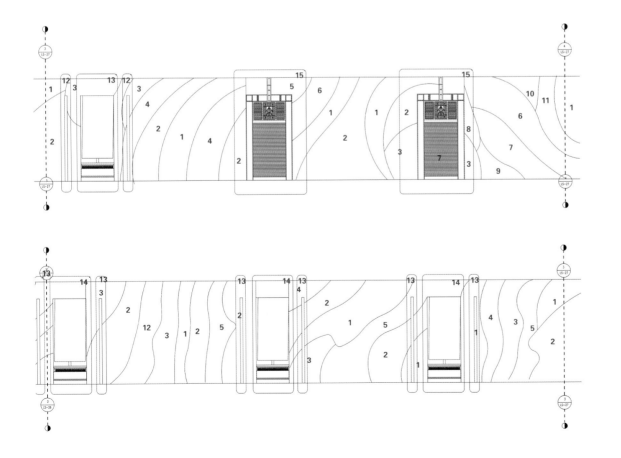

大红花

大红花，朱槿的别称，由于花色大多为红色，所以俗称为大红花。常绿灌木，小枝圆柱形，疏被星状柔毛。叶阔卵形或狭卵形。花单生于上部叶腋间，常下垂；开花有玫瑰红色或淡红、淡黄等色，花瓣倒卵形，先端圆，外面疏被柔毛。蒴果卵形，花期全年。

大花芦莉

大花芦莉，爵床科芦莉草属植物。常绿小灌木，叶椭圆状披针形，叶面微卷、对生，盛开期春夏秋。腋生，花冠圆筒状，先端五裂，花色浓鲜桃红色，开花不断。大花芦莉抗寒、抗风性强，耐旱，半阴至全阳均适合。性喜高温，生育适温约22℃～30℃。日照需充足，荫蔽不易开花。

栀子花

栀子花，又名栀子、黄栀子，属茜草科，为常绿灌木，枝叶繁茂，叶色四季常绿，花芳香。单叶对生或三叶轮生，叶片倒卵形，革质，翠绿有光泽。浆果卵形，黄色或橙色。栀子花喜光照充足且通风良好的环境，但忌强光暴晒。

红继木

红继木，红花继木的别称，常绿灌木或小乔木。树皮暗灰或浅灰褐色，多分枝。嫩枝红褐色，密被星状毛。叶革质互生，卵圆形或椭圆形，先端短尖，基部圆而偏斜，不对称，暗红色。花瓣4枚，紫红色线形，花3～8朵簇生于小枝端。蒴果褐色，近卵形。

花叶鸭脚木

花叶鸭脚木，又名鹅掌柴，形状为掌状复叶，小叶6~9枚，革质，长卵圆形或椭圆形，叶绿色，叶面具不规则乳黄色至浅黄色斑块。性喜暖热湿润气候，生长快，用种子繁殖。在空气湿度大、土壤水分充足的情况下，茎叶生长茂盛。但水分太多，造成渍水，会引起烂根。

绿萝

绿萝，属于麒麟叶属植物，大型常绿藤本，常攀援生长在雨林的岩石和树干上，其缠绕性强，气根发达，可以水培种植。成熟枝上叶柄粗壮，长30~40厘米，叶鞘长，叶片薄革质，翠绿色。绿萝是阴性植物，喜散射光，较耐阴。

毛杜鹃

毛杜鹃，学名锦绣杜鹃，半常绿灌木，高1.5~2.5米，枝开展，叶薄革质，伞形花序顶生，有花1~5朵，花冠玫瑰紫色，阔漏斗形，蒴果长圆状卵球形，花期4~5月，果期9~10月。喜温暖湿润气候，耐阴，忌阳光暴晒。

蒲葵

蒲葵，棕榈科蒲葵属的多年生常绿乔木，高可达20米，基部常膨大，叶阔肾状扇形，果实椭圆形橄榄状。蒲葵喜温暖湿润的气候条件，不耐旱，能耐短期水涝，惧怕北方烈日暴晒。在肥沃、湿润、有机质丰富的土壤里生长良好。

洒金变叶木

洒金变叶木，大戟科变叶木属，常绿灌木，茎直立，分枝多。叶互生，条形至矩圆形多变。叶绿色，叶面布满大小不等的金黄色斑点。花序总状腋生，单性同株，花小，雄花花冠白色，雌花无花瓣。喜温暖湿润、阳光充足的地方，不耐阴，不择土质，但以肥沃富含有机质的壤土最佳。

肾蕨

肾蕨，附生或土生。根状茎直立，被蓬松的淡棕色长钻形鳞片，下部有粗铁丝状的匍匐茎向四方横展，匍匐茎棕褐色，不分枝，有纤细的褐棕色须。叶簇生，暗褐色，略有光泽，叶片线状披针形或狭披针形，干后棕绿色或褐棕色，光滑。喜温暖潮润和半阴环境，忌阳光直射。

鸭脚木

鸭脚木，别名鹅掌柴，吉祥树，常绿乔木或灌木，小枝、叶、花序、花萼幼时密被星状短柔毛。为常绿灌木。分枝多，枝条紧密。掌状复叶，小叶5~8枚，长卵圆形，革质，深绿色，有光泽。圆锥状花序，小花淡红色，浆果深红色。是热带、亚热带地区常绿阔叶林常见的植物。

深圳科技园生命塔立体绿化

项目地点：中国，广东，深圳
设计单位：润城生态
高度：35 米
摄影：润城生态
植物：景天类、灌木、簕杜鹃、凤梨类

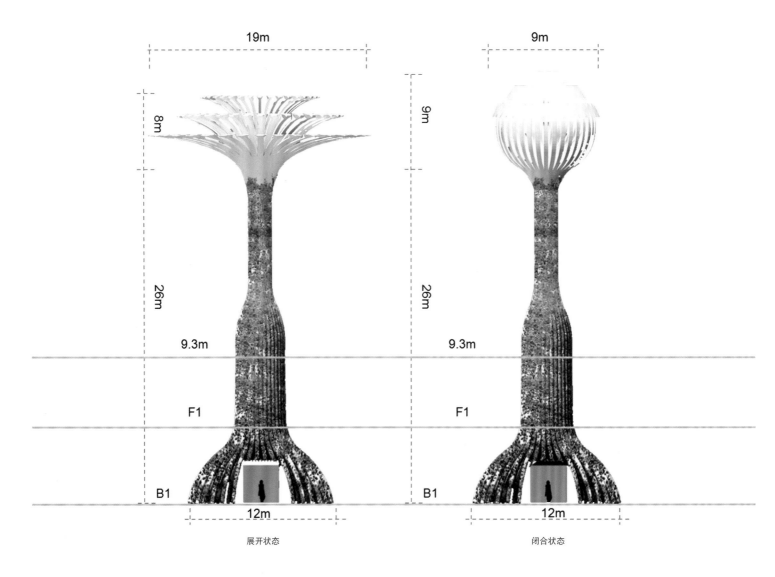

19m

8m

26m

9.3m

F1

B1

12m

展开状态

9m

9m

26m

9.3m

F1

B1

12m

闭合状态

项目描述

深圳湾科技生态城位于广东省深圳市南山科技园，高新区南区，东临沙河西路、北临白石路，地处深圳湾区的核心地带。

深圳湾科技生态园生命塔垂直绿化项目（简称生命塔）是生态园的绿色标杆，塔高约 35 米，塔身设计方面：塔身设置 9 圈（共 324 个）雾森喷头，以形成每分钟2200 立方米的均匀雾化带，达到最佳的景观效果。同时润城生态在生命塔设置了雨水收集系统，利用机械臂顶部收集雨水，通过软管将雨水导流至 B1 层雨水收集池，经过收集池净化处理后，用于绿植的浇灌及喷雾系统的用水。在植被种植上充分考虑光照的因素，水平面上，根据项目平面图，南面没有建筑物遮挡，光照最为充足。

东西面有建筑幕墙的反光，光照适中。北面光照稍弱。垂直面上，上层日照强烈，选择喜阳、耐烈日暴晒的品种，主要有草本和低矮的肉质景天类植物。中层光照适中，更多地选取灌木，在肌理上与上层区分。南面光照强烈，选择软枝品种的簕杜鹃为主题，另外三面以凤梨类为主景。下层选择耐阴植物，在配置上最为精致，以兰花和蕨类作主题，配合观叶的天南星科等植物。

植物的奇特外观与塔身的形态相结合，使生命塔在生态园内熠熠生辉。

祈福花

项目地点：中国，广东，广州

设计单位：深圳市金鸿环境科技有限公司

设计师：陆燕妮、肖燕秋

施工单位：深圳市金鸿环境科技有限公司

项目面积：2250 平方米

摄影：陆燕妮

施工工艺：铺贴式垂直绿化技术

系统参数：钢架结构支撑、种植毯系统、渗灌系统

植物：鸭脚木、黄金叶、大蚌兰、天门冬、假连翘、红继木、蟛蜞菊、花叶鸭脚木

项目描述

祈福花位于广州番禺区祈福缤纷世界广场，共有九朵，九姐妹傲然群立，遥首相望，最高的有 26 米高，最矮的 16 米高，从高到矮，错落分布，均为独立支撑，拔地而起；每朵祈福花共十个花瓣，从小到大旋转排列而上，曲线优美，风姿绰约。

祈福花是全球自行支撑、单体最高、异型结构的艺术生命树，是全球吊顶种植面积最大、难度最大的立体绿化（植物根朝上、枝叶朝下），属全球第一例，克服了植物倒立生长、浇灌均匀布置、精准控制的难题，是广州、华南乃至全国地标性景观建筑。

祈福花采用金鸿种植毯铺贴式工艺，种植毯含防水阻根穿刺膜、纳米级吸水毯和生态型高分子种植袋三层复合而成，其防水、阻根又防火，超轻、超薄，吸水毯像海绵一样，将水分朝四面八方渗透和扩散，柔性材料，可剪可裁，曲面造型简单易操作。

浇灌采用全自动滴渗系统，智能控制浇灌时间和浇灌量，节约人工成本、节约水资源；栽培营养基质由椰糠、蛭石、泥炭土、保水材料、进口填充剂以及各种纤维、各种微生物菌等十几种材料组成，配比时还考虑到各材料颗粒的大小、形状、孔隙度等因素，做到固、液、体三相比例恰当，确保其吸水性和透气性；植物以多年生草本和小灌木为主，易成活、易养护、寿命长。

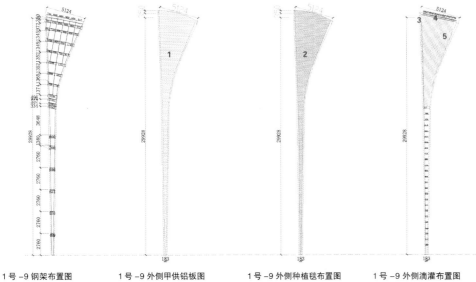

1号 -9 钢架布置图   1号 -9 外侧甲供铝板图   1号 -9 外侧种植毯布置图   1号 -9 外侧滴灌布置图

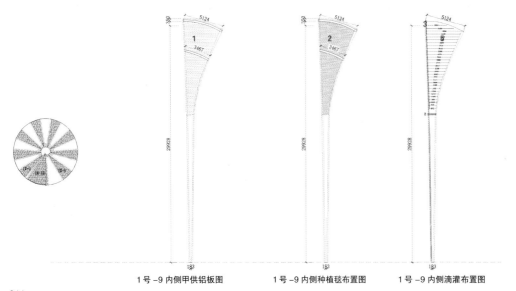

1号 -9 内侧甲供铝板图   1号 -9 内侧种植毯布置图   1号 -9 内侧滴灌布置图

1号祈福花叶片编号索引平面图
1. 甲供铝板
2. 种植袋
3. 进水管
4. PPR 管
5. PE 滴灌管

1号祈福花外侧植物种植展开图

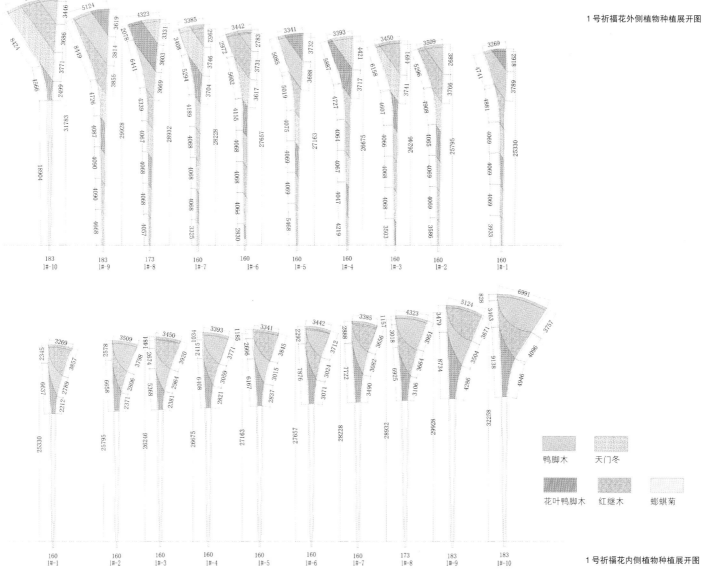

鸭脚木　天门冬
花叶鸭脚木　红继木　蟛蜞菊

1号祈福花内侧植物种植展开图

大蚌兰

蚌兰为鸭跖草科植物紫万年青，多年生草本。茎粗壮，多少肉质，高不及50厘米，不分枝。花白色，腋生，具短柄，多数，聚生，包藏于苞片内；苞片2，蚌壳状，大而压扁，花期夏季。

红继木

红花继木，别名红继木，为金缕梅科，常绿灌木或小乔木。树皮暗灰或浅灰褐色，多分枝。嫩枝红褐色，密被星状毛。叶革质互生，卵圆形或椭圆形，先端短尖，基部圆而偏斜，不对称，暗红色。花瓣4枚，紫红色线形，花3~8朵簇生于小枝端。蒴果褐色，近卵形。

花叶鸭脚木

花叶鸭脚木，又名鹅掌柴，形状为掌状复叶，小叶6~9枚，革质，长卵圆形或椭圆形，叶绿色，叶面具不规则乳黄色至浅黄色斑块。性喜暖热湿润气候，生长快，用种子繁殖。在空气湿度大、土壤水分充足的情况下，茎叶生长茂盛。但水分太多，造成渍水，会引起烂根。

黄金叶

黄金叶，叶长卵圆形，色金黄至黄绿，常绿灌木，枝下垂或平展，卵椭圆形或倒卵形。生长期水分要充足。适于种植作绿篱、绿墙、花廊，或攀附于花架上，或悬垂于石壁、砌墙上，均很美丽。枝条柔软，耐修剪，可卷曲为多种形态，作盆景栽植。

假连翘

假连翘，灌木。枝条常下垂，叶对生，稀为轮生；叶柄长约1厘米，有柔毛；叶片纸质，卵状椭圆形、倒卵形或卵状披针形，基部楔形，叶缘中部以上有锯齿，先端短尖或钝。总状花序顶生或腋生，常排成圆锥状，花冠蓝色或淡蓝紫色；核果球形，熟时红黄色，有光泽。花、果期5~10月。

蟛蜞菊

蟛蜞菊，多年生草本植物，矮小。茎匍匐，上部近直立，基部各节生不定根。叶对生，叶片条状披针形或倒披针形。头状花序单生于枝端或叶腋；花托平，托片膜质；花异型；舌状花黄色，舌片卵状长圆形，筒状花两性，较多黄色，花冠近钟形，向上渐扩大。瘦果，倒卵形。花期3~9月。

天门冬

天门冬，多年生草本植物。根部纺锤状，叶状枝一般每3枚成簇，淡绿色腋生花朵，浆果熟时红色，天门冬喜温暖，不耐严寒，喜阴怕强光，忌高温。天门冬块根发达，适宜在土层深厚、疏松肥沃、湿润且排水良好的砂壤土（黑砂土）或腐殖质丰富的土中生长。

鸭脚木

鸭脚木，别名鹅掌柴，吉祥树，常绿乔木或灌木，小枝、叶、花序、花萼幼时密被星状短柔毛。为常绿灌木。分枝多，枝条紧密。掌状复叶，小叶5~8枚，长卵圆形，革质，深绿色，有光泽。圆锥状花序，小花淡红色，浆果深红色。是热带、亚热带地区常绿阔叶林常见的植物。

索　引

A

S

三尚国际（香港）有限公司
上海翁记环保科技有限公司
上海效度实践建筑景观设计有限公司
深圳风会云合生态环境有限公司
深圳市金鸿城市生态科技有限公司
深圳市润和天泽环境科技发展股份有限公司
深圳市铁汉一方环境科技有限公司

W

WOHA 建筑事务所

图书在版编目（CIP）数据

　　生态中国 ：城市立体绿化 / 童家林编 . — 沈阳 ：辽宁
科学技术出版社，2018.9
　　ISBN 978-7-5591-0792-3

　　Ⅰ．①生… Ⅱ．①童… Ⅲ．①城市－绿化－环境设计
－中国 Ⅳ．① S731.2

　　中国版本图书馆 CIP 数据核字（2018）第 133973 号

出版发行：辽宁科学技术出版社
　　　　　　（地址：沈阳市和平区十一纬路 25 号 邮编：110003）
印 刷 者：深圳市雅仕达印务有限公司
经 销 者：各地新华书店
幅面尺寸：225mm×285mm
印　　张：17
插　　页：4
字　　数：350 千字
出版时间：2018 年 9 月第 1 版
印刷时间：2018 年 9 月第 1 次印刷
责任编辑：李　红
封面设计：吴　杨
版式设计：吴　杨 蒋俊敏
责任校对：周　文

书　　号：ISBN 978-7-5591-0792-3
定　　价：288.00 元

编辑电话：024-23280070
邮购热线：024-23284502
E-mail: 1076152536@qq.com
http://www.lnkj.com.cn